人生最後一次相聚

禮儀師從1000場告別式中看見的25件事

【作者序】禮儀師所見的真實人生

河裡有許多小魚向上游，因為水太急，幾次都被水沖下來，但是小魚還是努力向上游。

據說蔣中正看了，心裡想：「小魚都有這樣大的勇氣，我們做人，能不如小魚嗎？」

做大事的人要有一番成就，從小對一些細節就要有所啟發，一切都有徵兆，一切都是必然。而我之所以成為禮儀師，一定有著前因、緣分或是什麼感召，因緣俱足下，做禮儀師這行成了我必須擔負的使命。

可惜，事情沒這麼複雜。那時我剛從「信義房屋」離職，看到報紙應徵禮儀師，是間以生前契約為主的禮儀公司。

什麼是生前契約？什麼是禮儀師？那時完全不瞭解，反正就去看看，連頭髮都懶得理，第一次也是最後一次抹上髮油。

十多年前，那時五專學歷還夠看，地方面試過了，搭車至桃園總公司做第二次的面試，聽說有幾百人吧，最後取了三十位，然後在桃園受訓兩周，透過考試的方試刷掉最後五名。

我的運氣不錯，最後成了知名公司第五期禮儀師，就這麼……當上了禮儀師。

回想第一次在桃園殯儀館看到大體，一具具遺體躺在那，蓋著往生被，頂多看到大體露出的腳，是不覺可怕，只是不習慣那種味道——不鏽鋼消毒水加「其他」味道（腐敗）。這就是第一次經驗。

當時的公司對禮儀師有一定的教育訓練，只是這些訓練和現實及實務總有差距，我對於禮儀師到底是什麼、該做什麼仍沒概念。

直到下到單位跟著學長跑，才知道原來這份工作，就是要和家屬聊天、談判及規劃喪禮所有細節。

第一次獨立接件，喪宅是傳統理髮店，我有種熟悉的感覺，這才想起小時頭髮都在這剪的；孩堤時都要在剪髮椅上墊著洗衣板才夠高，搬家後十幾年不曾回來，回來了卻是承辦男主人喪事。那熟悉卻又模糊的感覺、第一次接件的「巧合」，是否冥冥中已安排我走上禮儀師的道路！

最初成為禮儀師剛滿二十五歲，是全公司最年輕的。但年輕在這職業並不好，除了家屬觀感外，還有許多人情世故及社會經歷等問題，雖然以連長身分退伍讓我談話有一定成熟度，但服務客戶仍要比別人付出更多心血和努力。

擔任禮儀師這些年，接觸不同客戶、看盡人生百態，除自我成長外，也看著殯葬業的進步。多年前殯葬業比現在更為繁瑣，從業人員素質也低。大公司要求禮儀師大熱天穿著西裝，當時殯葬業者眼中「肖仔」的舉動，如今成了常態。不可否認，大公司對殯葬業的確有一定貢獻。只是，在營利為目的的前提下，一些業績獎金制度讓喪事完全商業化。禮儀師們也很辛苦，除了顧及業績及獎金外，還要應付著各項「公司規定」及各種人事升遷鬥爭。累得像條狗的禮儀師對待家屬，也只能像公務員般地千篇一律，讓整場喪事失去了「人」的味道。

在大公司待了兩年後，恰巧有其他公司招手，在那裡，看到許多不一樣的營運方式。之後也跟朋友合夥開過禮儀公司、接觸到更多殯葬行銷面，不同視野可以看到殯葬不同的角度面向，但真正精采的是做了人力公司的「工頭」。

工頭要二十四小時應付各家禮儀公司，只要一通電話，即要派遣人力支援。這些禮儀公司有專做佛教的、專職天主基督的、堅持傳統路線的、改革創新派的……每個葬儀社老闆要的東西不一樣，交際手腕、處理客戶問題的角度各有不同。過去在公司學的，只是真實殯葬業的九牛一毛，我愈來愈覺得，殯葬業可以更多樣化。

知道有機會能出書時猶豫許久。禮儀師遇到的不全是動人故事，而是由真實演員演出的各式人生，戲中有笑有淚更有人性。千頭萬緒下，翻著檔案，回想每個案件。或許把一些「真實」呈現出來未必是壞事，也能讓許多想從事這工作的人，知道禮儀師在做什麼。

只是仍「執」在一個點，把家屬的事情說出來好嗎？於是開始把每個案件打破成許多「點」，再把這些點分類集合成各個故事，在不「影射」下呈現真實。

以禮儀師角度看待喪事和死亡，在角度上多少帶著自己信仰及喜惡。我期許的是，當讀者閱讀本書時，不妨想想有沒有「更好」的方式？自己想要的方式是哪種？喪事沒有對錯，只有適不適合。

死亡來得太快，準備總是太慢，當時間還足夠時，你我都該思考：我們能準備什麼？當能選擇時該怎麼抉擇？當來不及時又該怎麼做？

以前曾寫部落格，想寫什麼就寫什麼，當要出書就不同了，一切都變得嚴肅。當寫作變正式時，反倒思緒停滯敲不出字。

禮儀師這工作也一樣。看著電影，覺得一切都簡單，可是面對大體及家屬時，每個決定都不能再重來，也都深切影響著下一步。

作者在此向每一位認真敬業的禮儀師致意，感謝每個服務過的案件，同時謝謝春光出版的潔欣和秀真給予我這個出版的機會。相信本書內容能讓讀者在不同年齡階段，都有著不同的思維跟感觸。

人生最後一次相聚——禮儀師從場告別式中看見的25件事

尊重專業，打造完美告別式

多些準備，讓那一刻不慌亂

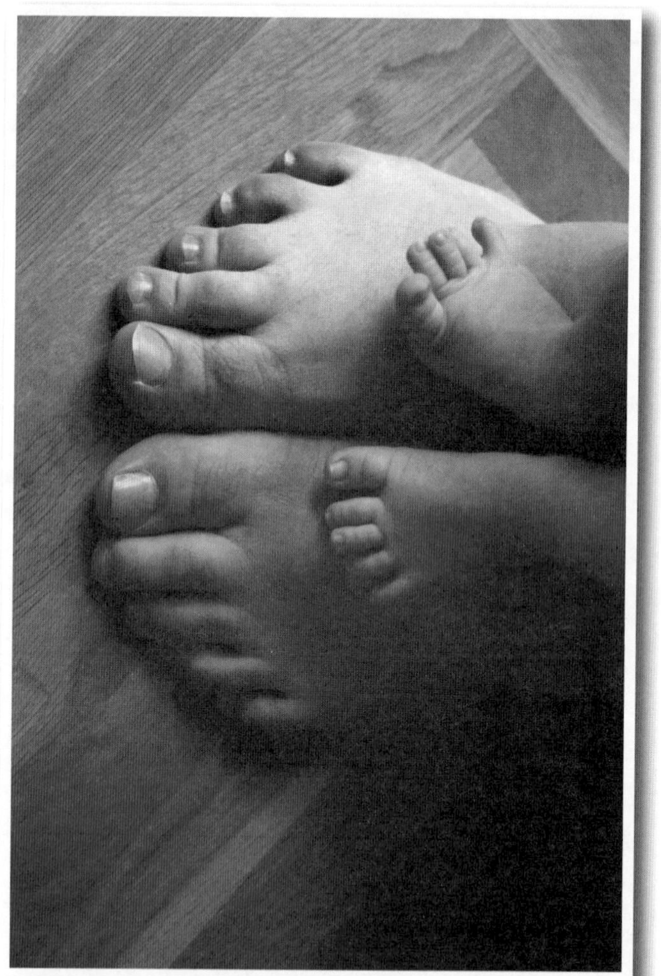

01 愛要及時說出來

我向司儀接過麥克風，硬是塞給了女兒。

「說吧！」帶著命令與篤定的語氣，我對她說道。

女兒接下麥克風，一陣沉默後，激動地喊出：「爸！我們好愛你哦，你……你是我們最帥的爸爸……」

才一說完，女兒放聲大哭。

短短的幾句話，沒什麼煽情的字句，這樣簡單的情緒表達在父親生前，卻有如鴻溝一般難以跨越。在這一刻，兄弟姊妹也哭了出來。

陰雨綿綿的夜，氣氛上總覺得會發生些事，至少電視都是如此演的。

手機響，業務來了電話。果不其然，連繫家屬確認地點及初步狀況後，不論白天晚上刮風下雨，還是颱風寒流，做了禮儀師就要認命。

開了車前往家屬家，半路家屬來電：「不好意思，有親人還沒到，我們再討論一下，等確定了再打給你，不好意思哦！」

聽到這樣的回答，每個禮儀師心中大多有譜：家屬在討論該由誰承辦吧！

介紹這案件的業務親和力夠，不過常常說話會多一句或少一句，但和多數業務一樣，他們總能鍥而不捨地持續溝通。

在這下雨的夜，又已經在半路上，算了！先不回程，路旁小睡一下。

不到一小時，業務再度來電確認，但目的地真不好找。

依著家屬報的路線，離開柏油路後轉進一片布滿石子的空地。隨著車子前進，車燈伴著雨絲照著一片人高的雜草，似乎看不到任何的建築物。若非家屬出來帶，還真不敢開進去。

從雜草間緩緩駛入──

這是一片近乎廢棄的舊宿舍，盡是磚瓦平房的日式建築，所有的路燈都不亮，整個宿舍社區僅剩一戶燈亮著，也就是喪宅。

老先生躺在床上，早沒了生命跡象，例行做法完成初步安置。接件的開始，一定要瞭解可能的問題及法律責任，於是，我問起老先生死因。

子女全住在外，家中僅剩兩老，過幾個月宿舍就要收回去，他們是僅剩的一戶。

父親說有漏水，拿了梯子要修屋頂。母親想說怎麼修那麼久，到院子一看，才發現老伴從梯子摔下，仰躺在地，全身早冷了。

死亡原因對禮儀師來說，多半不是那麼重要，重要的是死亡證明書是否能順利取得。通常來說，只要沒奇奇怪怪的狀況或爭議，一般皆可透過行政或司法相驗取得證明。

和家屬溝通過相關程序後，隔天取得死亡證明，接著入殮打桶豎靈等喪葬流程。

這個家屬不難溝通，沒什麼特別的意見或問題，時間場地等各項安排，兄弟姊妹簡單討論即能確認，這樣的案件通常是禮儀師最愛的。

依流程安排沒什麼雜音地順利進行，只是離告別式剩沒幾天，突然接到女兒電話。

女兒說：「禮儀師，我們家都是這樣，不太表達情感上的情緒，日常生活的對話和表達，都一個樣，淡淡的。」

聽她這樣講的第一反應，是擔心自己會不會有什麼地方做不好？

「每個家庭狀況不一樣。」我小心翼翼地回答。

女兒又說：「但離告別式剩沒幾天，好像，一轉眼就要過了……」

聽著女兒敘述一些家裡的事：從意外發生後，這幾天似乎就是忙這忙那的，雖然每天看到靈堂，但總感覺父親還在，好像這些事忙完後，老爸又會突然地出現。

對於一些意外件，家屬會有這種感覺不奇怪；許多家屬會覺得親人好像出了遠門，過幾天便回來，沒有那種逝去親人的「真實感」。反倒是一些久病離世的案件，家屬不知多久前就看著親人從消瘦到離世，心中或多或少都做了準備。

每個家庭狀況都不同，而這個家庭對於情感的處理，是屬於不太表達的那類，高興難過或喜怒往往不形於色。

如女兒所說，每年的父親節總想安排一些活動，讓爸爸有不一樣感受，但這些特別的計畫又覺得會不會太煽情。

經過無數次贊成反對的種種討論後，不知不覺，父親節也近了，最後的計畫就如同前幾年，大家約一約吃個飯、講聲爸爸節快樂，就這個樣。子女長大後，不再像小朋友般黏著父母講「我愛你」，一些肉麻兮兮的話就是說不出口。

「及時行樂」、「愛要及時說出口」，這些話總在一些學者或書中不斷出現，透過一些動人的小故事深深感動、打動我們；要我們牽牽父母的手，要我們陪陪父母、和他們說說話，跟他們說「我愛你」。但真有機會做這些時，往往裹足不前、擔心對方的反應；怕對方不習慣、覺得環境不適合。一連串「深思」後，壓抑了當下的感動，一切如舊。

記得有個朋友受到某本書的激勵，母親節時和媽媽說了聲「我愛妳」。他說母親的反應是楞了一下，然後靦腆笑著回答：「三八啦，吃錯藥哦！」

也聽過子女在過節時打了電話回家，跟爸爸說了聲「我愛你」，爸爸沉默了一下，說：「你錢又花光了？」

每個民族或家庭的表達方式都不同，常常別人適用的不代表自己家庭也適用，過度的表達是否僅是為賦新詞強說愁？但那些未曾表達的想法，在告別式中，卻是最後一次機會了。

「妳想怎麼做？」我這樣問了女兒。

「可是……」女兒遲疑沉默了。

說真的，禮儀師也是種服務業，對許多家屬常問的問題，總會有著制式的回答；畢竟工作一件接一件、一位過一位的往生者，多少都有著公務員的心態。特別是一些大公司的禮儀師，面對家屬之外，還要面對許多公司主管規定，工作能簡單就簡單，多一事不如少一事，當時在大公司任職的自己，多多少少也掉入這心態。

聽著家屬說一些事，能幫上什麼嗎？大多是不行，反正不要有客訴就是大公司禮儀師的最高原則。至於傾聽家屬的想法，其實沒什麼太大問題。

不過，女兒給我的感覺，似乎是想在平靜的家庭中來些小革命，做些不一樣的事，這些都需要勇氣。

我心裡不免猶豫，倘若自己擅自向她建議了一些強烈的作法，但未經全家溝通便直接執行，這樣好嗎？突兀嗎？禮儀師這樣強勢的建議，後果會如何呢？萬一感受不好，萬一其他家屬反彈，即使女兒當下勉強接受，最後整個場面卻更尷尬，那怎麼辦？

自己一樣陷入兩難當中，尤其是先前和其他家屬聊到不妨做些「變化」時，他們總冷冷地回著：「應該不用吧！」

不過我還是和女兒聊了許多做法，但就僅止於「討論」罷了。

「有些話，該說，還是要說！」告別式前，我堅定地告訴女兒。

家奠時，當司儀講完一些制式內容後，我給司儀使了個眼色。

我向司儀接過麥克風，硬是塞給了女兒。

「說吧！」帶著命令與篤定的語氣，我對她說道。

女兒接下麥克風，一陣沉默後，激動地喊出：「爸！我們好愛你哦，你……你是我們最帥的爸爸……」

幾句話才一說完，女兒放聲大哭。

短短的幾句話，沒什麼煽情的字句，這樣簡單的情緒表達在父親生前，卻有如鴻溝一般難以跨越。在這一刻，兄弟姊妹也哭了出來。

面對親人的逝去，在最後一段的告別式，到底是該聲嘶力竭地表達情緒？或是該得體的壓抑情緒？沒什麼標準答案。

每個人表達的方式都不一樣，有人說在告別式哭得失控不得體，但最後的送別，得不得體很重要嗎？喪禮的重點不也是在宣洩情緒？

可能是教育及生活習慣，東方成年人不習慣對雙親講「愛」。雖說不見得需要刻意去表達這類話語，愛在生活點滴的表達更為重要；**但有些話、有些事平常難以啟齒，在最後的送別中，與其放在心中迴盪，何不找個方式釋放出來！**

對於死亡，其實不用看得太嚴肅，那只是生命必定的終點。

曾聽過一位推拿師說過，人生中的每個傷害都會成為身體上的一個硬塊，或許心中不想，或許嘴上不說，但這個硬塊只要存在，傷害永遠存在心中某處，推開那硬塊，事情也就煙消雲散。只是，為什麼要讓硬塊形成？

人生不如意事時常八九，在親人最後的一段路，鼓起勇氣說想說的、做想做的，完成心中所想所願，這一步一點都不困難！

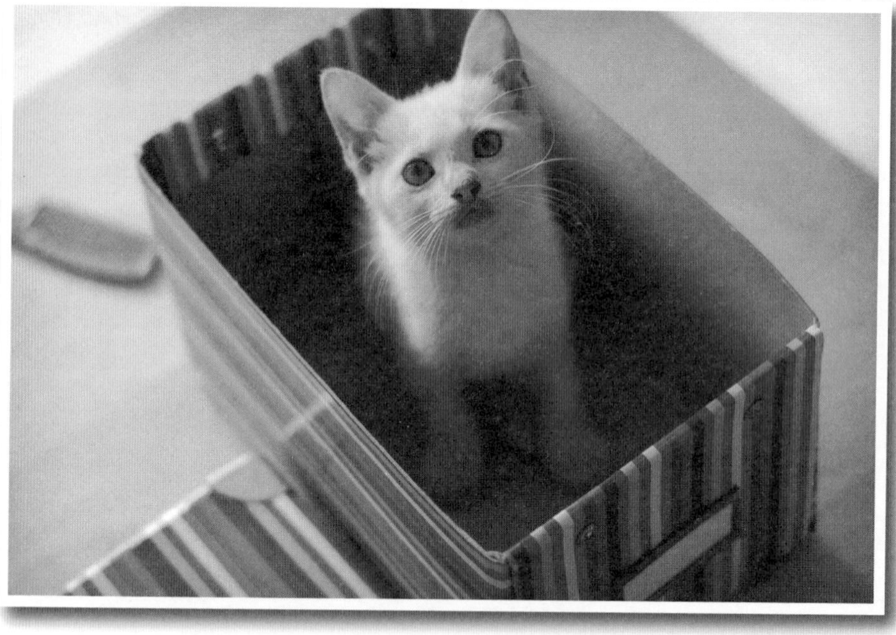

02 留個空間，收起最愛隨身物

入殮前幾天，再次到伯伯家，想請伯伯準備些老伴喜歡的衣服或物品，要在入殮時讓老太太隨身帶著。老伯伯又開始抱怨，抱怨著怎麼那麼麻煩，抱怨著他怎會知道東西放哪。

我沒把他的抱怨當一回事，在我半推半就下，伯伯不情願地帶著我到衣物間。

衣物間裡，只見到老太太在每個櫃子上都貼著標籤，標籤上清楚標示著：「內衣褲」、「上衣」、「襪子」……

以及一個角落櫃子上寫著「我要的衣服」。

禮儀服務中會遇到各式各樣的人，每個人有著不同的性格和故事，有些個性強烈到令人印象深刻。

剛見到這位老榮民，幾根毫毛從粗粗的眉裡竄出，配上炯炯有神的眼睛，嘴角似乎總是緊閉，再加上「不認輸」地挺直背脊，在在展現出他是隨國民政府抗日、國共戰爭到轉進台灣的老兵，什麼場面沒見過，大風大浪的過去，沒事比得上這些光榮。

或許是個性使然，又或者是過去見多了生死，還是這些年來逐漸凋零的老兵戰友一一離去，就算老伴過世，仍不改堅毅本色，一切都在他的掌握之下。

「都決定好了，我啥都處理好了，你們來做什麼！」老伯伯一見到我們就劈頭怒罵著，大嗓門及火爆個性完全表露無遺，然後就是無止境的抱怨。

兒子無奈地看著我，眼中略帶歉意。

接這工作時，知道老伯伯早跟別間禮儀公司談定，連骨灰罐都選定送刻；正確地說，骨灰罐都刻好了。距離老太太往生，不到一天的時間，是的，要趕的話，骨灰罐不用一天即可交件，讓家屬連退的機會也沒有。

只是外地趕回來的兒子把工作交予我，既然接了，就得協調安排著後續事項，只是協調間，真有點受不了老伯伯。他不斷地抱怨、打斷、甚至咒罵。好在，濃濃鄉音加上充滿情緒的字眼，讓我似懂非懂，也就馬耳東風。但反過來想想，是我破壞了老伯伯和別人的「一言九鼎」，這樣想倒也舒服，該思考的是如何才可以改變伯伯。

當我話鋒一轉，讚美老伯伯會安排事情，事情剛發生就能沉著地處理，再提到老兵共同的回憶。

老兵與戰爭、男人與當兵，似乎是永恆不變的話題，老伯伯眼中閃爍著驕傲，停下了抱怨，高亢地陳述當年勇。

誰說時間不停在走？時間常常停滯不前，但對於老伴的逝去，似乎僅是別人家的事。

「伯伯，您平常和太太都做些什麼？」我問道。

「呃……我……」老伯伯結巴起來。

我略帶俏皮地接話：「厚！伯伯！平常都是太太照顧您哦！」

「哪有！就……煮煮飯、洗衣服什麼的，哪有什麼照顧！」伯伯激動辯駁著。

事後才知，老太太和老伯伯，一像水一像火，並非水火不容，而是老太太沒啥脾氣，面對老伯伯的火爆，老太太像水般只是聽著，依然每天幫老伯伯煮飯洗衣，整理該穿的衣物，打理大大小小事情。而伯伯用過早餐，即去當年老戰友那裡尋找昔日光輝。累了，回家了，老伴早處理好所有事，煮好熱騰騰的飯菜。

入殮前幾天，再次到伯伯家，想請伯伯準備些老伴喜歡的衣服或物品，要在入殮時讓老太太隨身帶著。

老伯伯又開始抱怨，抱怨著怎麼那麼麻煩，抱怨著他怎會知道東西放哪。

我沒把他的抱怨當一回事，在我的半推半就下，伯伯不情願地帶著我到衣物間。

衣物間裡，只見到老太太在每個櫃子上都貼著標籤，標籤上清楚標示著：「內衣褲」、「上衣」、「襪子」……

以及一個角落櫃子上寫著「我要的衣服」。

看到這，老先生訝異地睜大雙眼，嘴巴合不起地楞在那，瞬間沒了抱怨，安靜下來……

或許這一刻，老伯伯才意會察覺到了什麼。

認識老伯伯以來，第一次能安安靜靜整理東西，而我也忘了該接些什麼話。相處了大半輩子，老太太……真的太瞭解他了；也真的，對他太好。

老太太似乎預料到這天，到最後還是把所有的事打理好。

即使如此，革命軍人是不掉淚的。在沉默中，我們安靜地整理衣物，將「我要的衣服」打包帶走。

家公奠（告別式）當天，許多同袍戰友都來了，見到這些人，伯伯似乎也回到平常時光，開始這邊招呼那邊招呼。就算到了最後這一程，我還是沒見過他露出些許哀戚。

這或許是個性使然吧。只是……明天呢？當兒子回到外地，家中少了老伴，誰來幫他打理？衣服鞋襪該放哪，生活瑣碎事怎麼處理，出門回來後再也見不到那鍋熱騰騰的飯……

整個事件中，有個小插曲：在前間禮儀公司快、狠、準地售出且完成骨罐刻字後，第二天，我便向老伯伯要了骨灰罐。

習慣性的，只要不是我家的東西，一定現場要檢查。果然，骨灰罐上的刻字，刻錯了！不是責任歸屬的問題，而是撿骨封罐後要再處理就更麻煩了。

當我告知老伯伯此事，老伯伯可能以為我在責怪他，開始辯駁著不過幾個字，錯了就算，有什麼關係……

過去對往生的想法，就像人要去另一個地方旅行，所以棺木內要放置許多旅行物品，如錢、手帕、扇子、鏡子、衣物等。

現代的觀念較為不同，除了喜愛衣物外，有些禮儀師也會委請家屬找些往生者習慣喜愛的物品，但常常見到家屬東想西想卻不知要放什麼，選衣服也不斷想著「這件常穿、不常穿」。

有時會聽到家屬聊著買了許多新衣服給老人家，但老人家都不穿。然而換個角度說，老人家不總是這樣，對一些喜愛的東西怕穿壞用壞而捨不得用，然後一直穿著舊衣物。**在最後的一程，多花點時間把一些有紀念性的、喜歡的物品找出來；愛看書的可以放本書，愛打麻將的可以放副麻將，由心為出發點，一切都不難。**

若觀念可以接受，是否也可以自己準備一個箱子或櫃子，當有什麼喜愛的、有紀念性的東西，一年一年、一樣一樣地搜集其中，裝滿了，重新整理後把一些過去移開。

如此記錄著生活中的一點一滴，若干年後，這或許是一個時空膠囊，能保留住每段回憶；也或許多年、多年後，當那天來臨時，自己早已幫自己準備了一個「天堂的旅行箱」！

03 所託非人的下場

向業務表達這個案件不用這麼複雜，應該讓事情圓滿就好，只是業務仍不鬆手，向我遊說著：「我們租最大的禮廳，我都想好了怎麼布置，我們可以用很多的大圖輸出，把整個場地圍起來。」說到這他手舞足蹈，激動地指著牆敘述著：「在這些大圖上表現出老教練的一生，讓教練的人生有個完美的句點。」

「租廳跟大圖這些都要先付費才能做。」我實事求是地回應著。

「那你先墊！」他順口回著我。

朋友介紹下認識了這男子，他說想瞭解殯葬。第一眼的印象就不不太好，不習慣香水的我不斷地聞到過重的香水味；話語間他總是繞來繞去，講話反應是很快，但就是給人流裡流氣又不太老實的感覺。不過換個角度，一般來說這類人物在社會上也存活得比較好，至少知道哪邊有好處可以鑽。

整個聊天不到三十分鐘我便有事離開，離開後不到三小時，這位大哥打了電話給我，報了一個案件來：人已經往生了，請我即刻去醫院接大體。

剛認識的業務不到三小時就可以介紹案件，這算創紀錄了。一個對殯葬一竅不通的人，卻可以那麼快找到案子，搞不好他真的適合做殯葬的業務。

到了醫院找到家屬，往生者六十幾歲，未婚，弟弟負責處理。業務在旁不斷提醒著我：「這個往生者不簡單哦，以前是國家網球教練，不得了的……」

當下我並未太重視他說的話，在禮儀師眼中，先瞭解目前的狀況和接下來要進行的步驟較為重要，直接打斷了業務，簡單問了這老先生怎麼往生的？

「被打死的！」業務答覆我時，我心中馬上一沉。若依業務說的，一個不得了的人物被打殺，整個就是刑事案件，而且應該要有一些記者什麼的，但目前只有業務、我、往者的弟弟，似乎太過平靜。

在醫院等待著大體的出院手續，和往生者弟弟確認後，第一次看到大體，聞到一陣惡臭；不是屍臭，而是東西酸了臭了的味道。大體身材算是魁梧，白布蓋不住整個大體而露出兩隻腳，腳底全然是黑的，不知多久沒穿過鞋子或洗腳了，眼前所有一切都和業務說的完全不一樣。

人對了，事就對了；人錯了，惡夢也來啦。在安置好大體和弟弟閒聊之中，發現事實和業務所敘述天差地遠。這位往生者不是什麼網球教練，只是偶爾打打球，而且那是很久前的事。曾結過婚，無子嗣，離婚後成了……遊民；每天居無定所，靠著補助及善心人士提供的餐點過活。至於被打死這事，弟弟說他不清楚，只知接到通知說哥哥倒在路邊，送到醫院後幾天過世。弟弟和這位業務也是第一次認識，這業務自稱是哥哥的好友。

在殯葬的世界中，禮儀師、業務和家屬間的關係是很微妙的；禮儀師透過業務找到家屬，當然一定會尊重業務的想法及要求。但就這案件來說，業務似乎想把這案件搞大，但現實問題是誰出錢？做弟弟的願意拿大錢來幫哥哥辦場風光大葬嗎？

基於第一次認識這位業務，還是再次確認一些問題：「老先生不是遊民嗎？」

業務聽我這樣說，開始解釋著老先生離婚後對他的傷害太大，因此鬱鬱寡歡放棄網球……

我再次打斷他，問道：「那費用的部分……」

話沒說完，業務叫我放心，錢絕不是問題，他會負責去連絡以前教練的舊識及學生。他們許多現在都是大老闆，一聽到老教練往生，一定很捨不得，一定會來看老先生的，要租殯儀館最大的場地……聽著業務漫天地說著，我的心愈來愈涼。

第二天一早來到老先生牌位處，還沒進門便飄來一陣臭味。五、六位遊民及那位業務圍在牌位旁，中間還有一個跪著的遊民。業務看到我，走了過來。「就是那個人打死他的！叫他來靈堂跪，打死人就要給個交代。」

腦中想到某集的《多啦A夢》，大雄吃了對什麼事都感到快樂的藥後，想說當遊民真好，不用工作念書，不用怕被人搶，好快樂呀！但現實中，原來這些街頭的遊民，一樣有著那麼多的是非煩惱。或許該說，人跟煩惱就是等號吧，到哪裡都是一樣的，正如現在的我也在是非煩惱當中——這個案件要怎麼進行下去？尊重業務是我的原則，但也該適可而止，怎麼做才能對大家都好？

思考後向業務表達這個案件不用這麼複雜，應該讓事情圓滿就好。只是業務仍不鬆手，向我遊說著：「我們租最大的禮廳，我都想好了怎麼布置，我們可以用很多的大圖輸出，把整個場地圍起來。」說到這他手舞足蹈，激動地指著牆敘述著：「在這些大圖上表現出老教練的一生，讓教練的人生有個完美的句點。」

「租廳跟大圖這些都要先付費才能做。」我實事求是地回應著。

「那你先墊！」他順口回著我，看了看我表情後，馬上改口說：「放心啦，我會跟他弟弟說明，請他先付款啦，你那邊動作要快點，不然怕會來不及做哩！」

聽業務講完這些，現在的路只剩兩條，第一條跨過業務承辦這場喪事。第二，這件案子就算了，讓他們自己去處理吧。直接承辦這案件沒什麼問題，只是業務肯直接放手嗎？我會不會也被一群遊民圍住？還是第二條路好了。打了通電話給弟弟，大概讓他知道目前狀況，告知他這案件我不能接。原本弟弟希望我繼續承辦，但我還是明確地告訴他立場，並暗示著弟弟有必要提防這業務。

和弟弟通完電話後也向業務表明立場。他又開始畫著大餅，又說著錢不是問題，但相信業務的確也發現我態度堅決，就這樣，我脫了身。

之後業務竟順利地遊說弟弟讓他繼續承辦。這業務完全不懂殯葬，要怎麼做接下來的事？只是業務能說服家屬接受，那也是本事，我也不好多說什麼。接下來的幾天，遊民仍佔據著牌位區，牌位區的牆上也貼出一張公告，底下放著一個捐獻箱，公告上寫著教練姓名的基金會，盼看到公告的大德能奉獻捐款做福報。

又過了幾天，突然牌位區沒了遊民，聽說那個拘留的兇手跑了，大夥去追人。然後家屬突然打了電話給我，說業務跟他講一樣是我承辦，並且先拿了幾萬元訂金，問我有收到嗎？訂金從未到過我手上，而那業務，失蹤不見了。

看完上面這個「所託非人」的故事，也許有許多人會問，作為家屬，該怎麼選擇禮儀公司呢？是發生事情時醫院太平間的業者？要找大間有品牌的？還是親友介紹的？

在回答前，我先反過來問家屬的第一個重點是：還有多少時間可以選擇？等到事情發生，在情緒的影響之下還能理智抉擇嗎？這也是為什麼，醫院太平間和急診室總是殯葬業者的兵家必爭之地；多數家屬在痛失親人的當時，只想把所有的事快速做決定，在業者強力鼓吹引導下，家屬決策的過程往往是草率的，或許能有更好的選擇，只是沒時間再挑選了。

若消費者有足夠的時間選擇禮儀公司，那麼下一步就要瞭解禮儀公司派來洽談的人是誰？

許多財團公司接到消費者來電時，多是由公司業務前往洽談，有些業務對禮儀流程的瞭解比禮儀師強，但那僅是少數。多數業務們只會用一些照片加DM，簡單帶過服務的內容後，直接切入一些不重要的問題，如公司品牌、禮儀師形象、公司訓練等問題。在業務天花亂墜地說明後，消費者要想想，若直接與禮儀師做接洽，是否更能瞭解真實禮儀流程可能發生的問題，而不是空談些品牌形象。

那麼，消費者怎麼分辨出公司派來的是業務或禮儀師？其實可試著提出問題。不用擔心問題是否正確，消費者不懂是正常的，正常禮儀師應該都可以「直接」處理消費者的問題；若是業務，大多會將問題推到正式執行時再來談，或是顧左右而言他。

當消費者有時間選擇禮儀公司，又可以確定來談的代表能解決問題時，多少都可能已經同時問過兩、三間公司了。在各家比價的同時，試著確認自己的需求。

每個消費者一定有其重視的東西，傳統的消費者可能重視法事功德，有些重視禮儀師的互動服務，有的重視排場質感；什麼都要的喪禮一定要花大錢，**把自己和家人的需求釐清，將金錢花在刀口上，才能做到實惠的喪禮**。

當然有人會覺得好好挑選生前契約，找一間值得信賴的公司，這樣有保障吧?!但換個方式問，生前契約大都要預繳費用的，錢都繳了就有風險；客戶錢都付清，還有談判的權力嗎？況且現在值得信賴，不代表未來公司服務不會變質，更不代表未來公司不會惡性倒閉。

目前殯葬業品質良莠不齊，會做的、不會做的都自稱禮儀師，似乎只要有三寸不爛之舌，都可以做禮儀師了。

只是，喪禮是由許多細節構成，只要消費者有足夠時間、瞭解自身需求，分辨對方是否真具備禮儀師的專業，以及這個人的個性做法是否適合自己。瞭解了這些，便能選擇適當的公司，並完成一場無悔的喪禮。

04 問自己買生前契約的理由

這件僅有往生者及一個兒子的慈善件，在大公司基金會資助下，有了出殯的告別式，有花山、有司儀樂隊、有靈車，幾乎該有的都有了，還有……一堆記者，整場告別式就是工作人員比家屬多（僅一人），記者又比工作人員多，但最多的，就是業務帶過來的「參觀者」。

各位可曾在路上看到老人推著推車，推車上滿是回收物，寬度佔滿整個車道，高度讓人僅看到回收物在移動，看不到後頭的老人。

每當看到這些撿資源回收的老人家摔倒，多數人會遲疑著是否要過去攙扶他們。

在猶疑不定之間，老人慢慢地起身，手握住推車，又緩緩地前進。

這次摔倒，沒再起身，救護車來了，到醫院，然後到了殯儀館。一般這類的工作稱為慈善件，會有一些固定禮儀公司承包。

這位老人家沒什麼子嗣，就算有，大多也沒太大的經濟能力，而這次的案件有某間公司的基金會出面，為這位拾荒老人出了張生前契約，當中包含所有殯儀館費用。

生前契約都是認單不認人的，我接到這工作時問了基金會：「家屬的窗口是誰？」

基金會回答：「呃，聽說還有一個兒子啦，警察有在找了，你就把能做的先做了吧！」

原本早上即要幫往生者豎立魂帛牌位（豎靈），師父祭品全準備好了，沒子嗣的案件，有時就由禮儀師充當孝男陪著誦經，正要開始時，接到基金會來電：「兒子找到啦！」

我們把整個豎靈延後到兒子抵達，兒子來的第一句話是：「會很久嗎？」

和師父溝通了一下，把豎靈誦經時間加快，兒子道了聲謝，說著等會兒還要趕回外地。

後來才知道，這位母親生下這兒子後，離開家，失了音訊也沒了連絡，兒子與母親之間幾乎從未見面。靈堂上由身分證翻拍的模糊放大照，兒子說他看了照片才知道媽媽的長相，兒子也老實地跟我說，若不是有人拿錢出來，聽到這消息他完全不會出面。對他來說，過世的母親完完全全像個陌生人。

這件僅有往生者及一個兒子的慈善件，在大公司基金會資助下，有了出殯的告別式，有花山、有司儀樂隊、有靈車，幾乎該有的都有了，還有……一堆記者，整場告別式就是工作人員比家屬多（僅一人），記者又比工作人員多，但最多的，就是業務帶過來的「參觀者」。

業務們透過這機會，把所有想買生前契約的客戶們帶來這裡，業務當場借力使力地介紹推廣公司產品；一來讓客戶現場看到公司產品，二來讓大家知道公司不僅僅是葬儀社，更是道德良心事業。

記者拍了照隨即離開，留下一堆業務帶著客戶這邊參觀那邊解說，在少少的工作人員及單一家屬下更顯得突兀。事後兒子不悅地說，早知道這樣，他不會來，搞得自己像動物園裡的動物一樣。聽說這些業務利用這次的「展示」簽得不少生前契約。

殯葬市場從很久以前的獨佔市場，到禮儀公司林立，開啟殯葬業的戰國時代，一直到現在殯葬企業財團將觸角從往生者身上，漸漸延伸到活著的人身上。

這是個簡單數學問題，一年的死亡數目多少？台灣的總人口又有多少？殯葬業務過去難以啟齒的「找往生者」，透過生前契約的包裝成了「生命事業」，讓業務更方便地推銷出去。其實生前契約的觀念就是「準備」，沒什麼不好，但行銷的手法絕不會如此簡單。

若身旁有購買生前契約的朋友，或是曾參加生前契約公司的產品說明會，就會發現一個人僅僅買一張契約的算是少數；一次購買兩張一定有促銷的優惠。再進一步，若想投入殯葬事業，一次買三張不但有優惠，更可以晉身成為公司一份子。只要介紹親友購買，不但能賺取獎金，更可以擴大自己的組織。因為這種種原因，生前契約一定是認單不認人，一定是可以自由轉售的。

再者，物價通膨下每年東西都在漲，生前契約也是會漲價的。一張留著做準備，另外幾張可以漲價後賣出賺取差額。

在業務遊說下，有許多人繳了頭期款，以為開啟事業第二春，以為找到一份「終生事業」，然後發現，要去哪裡找客戶呀？於是從自己的親朋好友下手，大家族或朋友多的還好，若是家族簡單或朋友單純的，找了一圈後，接下來的銷售對象呢？所以生前契約的業務總是來來去去，來去之間，就購買了數張生前契約。

換個角度來看，生前契約果真如業務說的，會比較便宜嗎？

前文中拾荒老人的費用就是生前契約公司出的。生前契約公司要廣告要行銷，不然沒人知道；推廣生前契約要有業務獎金、組織獎金，重賞之下才有勇夫。就算消費者理智地比較市場價格，但業務會告訴您，生前契約買的是未來，未來的喪禮一定比較貴。但業務沒說出口的是，這個未來僅是「口頭」保證，隨時代進步，或許避不開通膨的漲價，但喪禮流程也反趨簡化，這些變化誰知道？

不過，能確定的是，**在購買生前契約的同時，不但直接付費做了賭注，也間接付出了行銷及業務獎金等費用。**

許多人都認為買就買了呀，有什麼關係！反正是種準備嘛！

先不管這間契約公司是否會惡性倒閉的問題，生前契約的購買者只知道為自己做了「準備」，但知道準備了什麼嗎？多數消費者不想也不知道生前契約內的殯葬服務內容，然後某天消費者準備要使用時，在禮儀師契約服務內容的解說下，原來還有如此多的未包含部分。但在消費者的立場是：契約錢都花了，還是要用呀，最後在不斷地追加加價之下，整場喪事費用和最初的想法及預算已是天差地別，事後仔細回想當初購買契約時，才發現業務似乎悄悄地帶過許多問題。

嚴格說來，生前契約不是壞產品，只是究竟適不適合自己購買？而批判生前契約是危險的，因為業務的人數永遠比禮儀師多，只是有些聲音永遠該存在；這聲音不是說著生前契約好或不好，而是再次提醒消費者：購買生前契約前，自己能承擔的風險有多大？花這筆錢對自己現在或未來的生活會不會有影響？到底是為了什麼買生前契約？若僅是一種準備，是否有更好的做法？

一連串的問號之下，或許答案非常簡單，你我都該好好想一想。

05

提早準備，讓陪伴更從容

禮儀師這職業出現，讓家屬在整個喪事中找到一個對應窗口，也讓喪事單純許多；什麼事只要問問禮儀師，應該都能獲得妥善處理。過去什麼事都要家屬自己來，現在有禮儀師協助安排，家屬事情變少了，多出來的時間能好好陪往生者走最後一段路。

古代的殯葬流程多、習俗多，再加上什麼都要自己來，因此會讓人覺得繁雜。但現在的喪禮分工細密，每樣工作幾乎都有專人處理，而禮儀師負責規劃禮儀流程，何時該忙什麼都有一定進度。簡言之，只要家屬和禮儀師協調好，然後依著時間表按表進行，即可順利完成喪事。

「訃聞整個作業在收到手寫名單後，大約需半天的作業時間，印刷廠可以做好初稿，確認內容名字都正確沒問題後，大約再半天即可取得訃聞。」

我習慣性讓客戶先知道作業時間，如此客戶也比較好估計準備時間來掌握進度。

接體的第一天即把草稿紙給了喪家，第二天家屬仍沒給我手寫名單。簡單提醒一下家屬，那時距離出殯還有十天。到了第三天早上，輕聲問了家屬訃聞手寫稿完成了嗎？

「還沒。」家屬簡單地回應。

到了下午，一般家屬多少都會急，因為訃聞印刷好後，家屬還要填寫住址寄送，這些都需要時間的。再度詢問家屬，得到「還在寫」的回應。

我語氣委婉地提醒著：「嗯，那如果寫好了，要儘快給我。」

來到第四天早上，仍沒有把訃聞手寫名單給我的意思，忍不住再次提醒：「手寫名單好了要儘快交給我哦，沒問題的話，大約要一天才能取得訃聞！」自己的態度應該沒什麼問題，但沒想到得到這樣的回應：「我們不急，你在急什麼！」

想想也對，我在急什麼！認真來說，提醒家屬是我的工作，但這喪事確實不是我家的事，於是不再過問訃聞。第四天過了，來到第五天，距離出殯剩七天耶，他們真的還不急呀。家屬家是做生意的，小有規模，應該有不少人要通知吧，真的不急嗎？轉眼第六天下午，家屬打了電話叫我過去，把孵蛋多時的手寫名單丟在桌上說：「我們急著要，多久會好！」

「大哥不好意思哦，有跟您報告過作業時間，現在已經快晚上了，印刷廠也快下班，所以您現在給我的話，大約要明天中午才能拿到第一個初稿，等你們確認後……」

話沒講完被家屬打斷：「那你說多少錢！」大哥一副不屑地問我。

我腦中轉了一下，能收多少？

以這家屬的個性，報出高價一定翻臉。

「你們就是要錢嘛！」

我微笑篤定地回答：「這不是錢可以解決的！」

家屬楞了一下，應該沒想到我會這樣回答吧，只好自己找台階下說：「那你們快一點！」

過去的殯葬業是暴利，但現在殯葬透明，競爭也大，自然價格利潤都少得多；又說殯葬業是服務業，所以，客人永遠是對的？

某些禮儀師遇到這樣的事，會馬上到印刷廠對著打字小姐鬼吼鬼叫，再打電話向老闆投訴。簡單講就是想插隊。這些打字小姐薪水不高，同時間還要忙一堆葬儀社的訃聞，然後還要接老闆打電話來催，就為了一個「會吵的孩子有糖吃」的客戶？

人應該是互相尊重的，就算是服務業也應該如此。

記得有陣子白天都忙，想說去家屬那關懷一下，看看有沒有什麼問題。

抵達家屬家都晚上九點多了，講沒幾句，媳婦對我說：「你們那個靈桌上有盞燈，我在那邊看，從中午開始就不亮啦。」

我聽到這話的第一個反應，是想著中午就知道燈不亮，可以直接手機連繫，為什麼現在才說？每個職業都有上下班時間，我晚上過來不代表那些辛苦的工作人員都那麼晚下班呀。

果不其然，家屬手指著他們廚房說：「等會兒你們的工人來，順便幫我們換廚房的燈。」

東西壞了我們有責任處理，自家燈壞就請水電過來換。如果家屬人不錯，基於服務業立場，大家互相一下拗廠商幫忙，但幾點了，怎麼順便？

似乎總有人就是愛「順便」，似乎什麼東西都順便慣了。而且這媳婦要人順便時臉不紅氣不喘，像是理所當然。這案件接體時便請廠商在騎樓圍上帆布，圍了一邊換另一邊時，家屬說那邊不用圍，圍了怕會太熱。

「怕鄰居會講話耶！」我這樣告訴家屬。

兒子說：「不用啦，那邊沒人住！」

再三確認後，只圍了一邊，隔了二天——

「你們另外一邊順便圍一圍！」那媳婦直接要求著。

「大姐，不是順便耶！」

媳婦回：「但你們本來就要圍呀！」

我語氣加重地說：「和你們確認過說不要的呀！」

接著她又開始抱怨著剛開始那帆布圍不好。我心中想著，之前在圍時你們在旁邊看，完成了也讓你們驗收，為何現在還有那麼多問題？

不得已把廠商請了過來，才發現事情沒那麼簡單。廠商一問問題在哪，那媳婦說：「你們車上都有多帶帆布吧，一件順便給我們遮東西。」而一旁的兒子僅在旁邊笑，果真不是一家人不進一家門吧。

不管客人與服務業、喪家與禮儀師，不管有錢沒錢，相互尊重原本就是基本，禮儀師可以接受家屬失了親人情緒不佳、喪家很可憐，但不代表可以為所欲為。

那位趕著訃聞的家屬取得訃聞後，急著填寫名單寄出，只是收到訃聞的人多少有些微辭；畢竟收到的時候時間緊迫，該安排的事都排了。想也知道，家屬一定推說禮儀公司速度慢效率差，反正沒在我面前講也就算了。但到了告別式當天，現場有長輩再度說起訃聞太慢，那大哥很自然地指著我們說都是葬儀社效率差，訃聞才這麼慢。

聽到這我靠了過去，提高分貝說：「大哥，稿子第一天就給你囉，你第六天下午才把名單寫好給我耶，第七天完成品交給你們，工作時間才一天，不叫效率差吧。」

禮儀師這職業出現，讓家屬在整個喪事中找到一個對應窗口，也讓喪事單純許多；什麼事只要問問禮儀師，應該都能獲得妥善處理。**過去什麼事都要家屬自己來，現在有禮儀師協助安排，家屬事情變少了，多出來的時間能好好陪往生者走最後一段路。**

我常跟一些新人說：「遇到好的家屬，可以多付出一點，遇到不怎麼樣的家屬，就做該做的就好。」

人的互動是奧妙的，人敬我們一尺，我們更要敬人一丈；相互尊重中，讓禮儀師和家屬圓滿一場喪事。

坦然接受，讓親人不遺憾

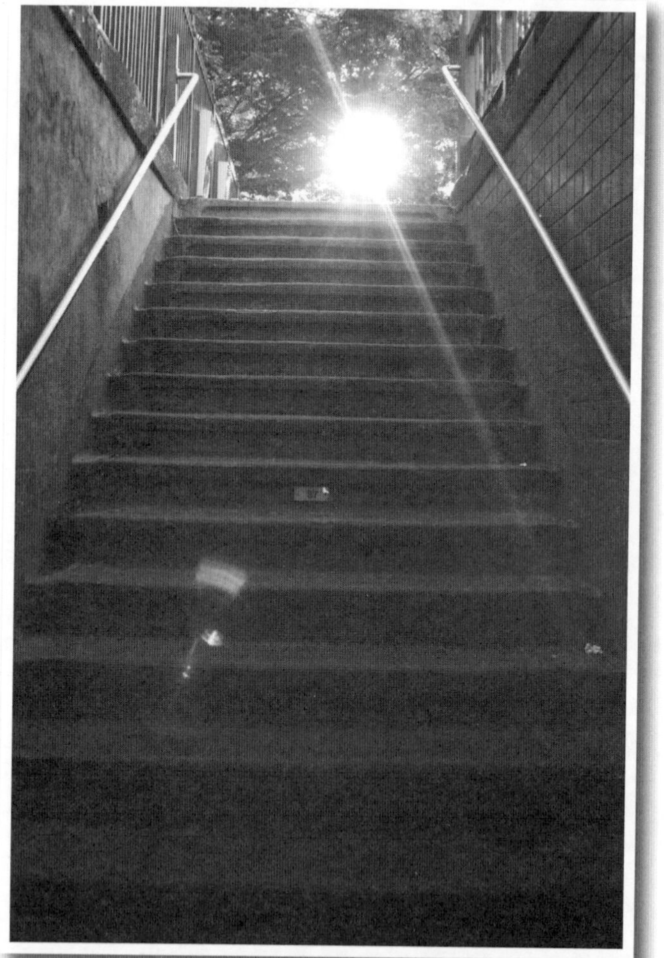

06

意外來臨，唯有冷靜以對

唱著哭調仔的是往生者的母親，在其他親友的攙扶下來到靈堂，當著眾人的面指著這媳婦大聲責罵：「都是妳，都是妳害死我兒子！」

護喪妻緊緊握著香，豆大的淚珠從眼角不斷流下。我試著把母親拉往外頭，只是她有些歇斯底里地哭喊著不肯出去，整個儀式就這麼帶點混亂地結束了。

公安意外發生，開始許多SOP（標準化作業流程），醫院、警察、工程公司、禮儀公司……而全數須參與的就是家屬。家屬要處理痛失親人的情緒，還要處理各個相關事宜；蠟燭兩頭燒的結果，若再加上家中的不諒解，內憂外患下，能怎麼辦？

下午接到電話，一具大體從中部出發。簡單瞭解往生者資料：中年男子，意外身亡，隨行家屬為妻子，預計晚上九點抵達。

這樣有「準備時間」的接體算輕鬆，預定好的時間也不用趕，休息一下吃個飯，不疾不徐地把所有物品檢查好，然後等著大體到來。

接體車抵達，開了車門見到瘦弱的妻子，滿臉盡是倦意。

「來，跟妳先生說一下，我們請他下車哦！」我引導著妻子完成一連串大體安置流程後，再來就是討論整個喪禮事宜。和護喪妻（往生者的妻子）談話間，她就好像學生的下午第一堂課，老師在台上努力講課，學生們在座位上努力地撐起眼皮，不斷地點著頭，完全不清楚老師教了什麼。

護喪妻真的累翻了，遞給她一張物品準備表，交代著她：「這是明天下午會用到的東西，都是您先生日常生活的用品，應該不難準備，有什麼問題明早再打電話問我，您先回去休息好了。」

聽我這樣說，護喪妻疲憊的眼神疑惑看著我，一副「我可以回家了」的問號。

我再次加強語氣：「先回去休息吧！」

一直到今天，身為禮儀師的我仍不知道幫家屬多想一點，是好或不好？

家屬剛知道家人過世時，彷彿溺水大海中，會抓住任何隨手可得的浮木。殯葬業者趁此機會，運用各種天時地利加談判技巧，即使隔天發現自己做的決定太衝促，但既已簽名畫押，多數家屬會覺得「決定了就好」，然後依著約定進行。因此意外件及醫院太平間、急診室總是葬儀社必爭之地。我常想，幫家屬多想一點，讓家屬休息並穩定情緒，但有時之後要面對的就是家屬並未簽名，然後選擇了其他禮儀公司。幫家屬多想一點，是好還是不好？

隔天一早護喪妻打了電話來，我和她確認過物品準備單的內容後，也一併確認子女人數：三個女兒及一對什麼都還不懂的小男生。下午豎立魂帛靈位時，特別安排親和力較佳的師父，和師父說好如果可以，講些生命道理，不然至少也閒話家常。護喪妻、師父和我聊著天，然後透過儀式伴著師父誦經及木魚聲中，多少能安穩情緒。這時，突然外頭傳來常見的「哭調仔」，這種淒厲的語調伴著一些「什麼人啦，你怎麼一去就不回啦，怎麼留下我們……」的內容，有些人聽了感觸地流下淚，有些人則覺得做作，但能確定的是，和師父平靜安詳的誦經聲一點都不配。

唱著哭調仔的是往生者的母親，在其他親友的攙扶下來到靈堂，當著眾人的面指著這媳婦大聲責罵：「都是妳，都是妳害死我兒子！」

護喪妻緊緊握著香，豆大的淚珠從眼角不斷流下。

我試著把母親拉往外頭，只是她有些歇斯底里地哭喊著不肯出去，整個儀式就這麼帶點混亂地結束。

後來的幾天，和護喪妻聊著整個事情。往生者從事不鏽鋼工程，意外發生的當天，為了趕工，當其他工作人員下班後，他獨自留在二樓裝設鉺接。半夜守衛巡邏時，發現二樓的燈還亮著，從窗外往下一看，往生者倒在一樓的遮雨棚上，再來就是一陣兵荒馬亂。

公司即刻叫了救護車及通知家屬，醫院急救的過程中，曾一度有了心跳，只是最後心電圖仍成了一直線。然後就是警方的問話筆錄，接著工程公司拿著紅包過來，向家屬表達深切遺憾，請家屬節哀順便；最後說明往生者不屬於工程公司，是屬於外包商，所以整個責任的歸屬不在他們這，只是基於人道關懷立場，來看看有沒有什麼可以協助的。

那母親呢？怎麼反應那麼大！護喪妻聽到這問題，頭又不自覺地低了下去。

生了第一胎是女生後，婆婆就覺得一定要有男生，後來兩胎都是女兒，婆婆對這媳婦非常不能諒解。養三個小孩已是極大負擔，討論結果還是別生了。但持續了幾年，婆婆仍怪罪這媳婦，仍希望有個金孫，最後他們決定再努力，這次生了雙胞胎，總算對婆婆有個「交代」。只是，五個小孩的種種花費開銷，讓生活難以喘氣，往生者常為了多賺點錢而加班。如今意外就這麼發生，婆婆一直怪著媳婦，若非生那麼多小孩，也不會有今天的悲劇。

喪事的安排上，婆婆要求要多些法事，當然護喪妻不能拒絕。我建議護喪妻花些該花的，意外的責任歸屬和公司理賠，能多些錢就留著，畢竟還有五個小孩要過生活。家屬也不想發訃聞，我便建議告別式規模縮小，靈堂前簡單地舉行即可。當然告別式當天婆婆仍然指責著媳婦，在看兒子最後一面時也失控到幾乎站不住。媳婦面對一切仍只是低頭流著淚，兩個小男生什麼都不懂地在一旁玩著遊戲。喪禮終於結束。

只是喪禮結束了，許多事情正要開始，理賠問題、未來生計問題，還有親戚間剪不斷的線……再多的問題和困難，相信護喪妻也能度過，因為天上有「他」保護著妻子和五個小孩。

後來某次的聊天連絡，護喪妻再次說了聲謝謝。她說感覺整個喪事過程，似乎只有我沒在說「白目」的話。

很能理解當下她的意思。意外件的一開始，就是一連串的亂；急救過程中，醫生為了責任歸屬，一定會問家屬是否要放棄急救，家屬該怎麼回答？放棄等同於親人死了，不放棄又要看著親人受折磨。家屬沒醫學背景，怎知是否要救下去?!

警察的筆錄問話又是另一種制式回應，警方一定會從過去的檔案取出類似筆錄，依照那些問題一句一句問家屬，然後慢慢地敲著鍵盤輸入，釐清案情後警方責任完畢。

而工程公司一開始一定包個紅包，然後撇清所有責任，隨著家屬舉出證據或事情鬧大後，才開始提出賠償，之後一次又一次協商甚至出庭，讓大家身心俱疲！

家屬要面對這麼多的問題，而禮儀公司該站在什麼角度？利用機會落井下石敲家屬一筆？還是讓家屬無後顧之憂？答案很明確，卻很難達到。

當喪事萬一發生時，家屬請務必試著在「亂」中冷靜下來。特別是專搶意外件或太平間業者遊說時，試著思考他們說的那些儀式花費，哪些該做？哪些不該做？一定要現在做決定嗎？

禮儀公司不全是壞人，只是殯葬就是一門生意，也是談判；再三思考殯葬業者說的，然後試著冷靜而理智地下決定。

不斷用「試著」兩字，因為真的不容易，但無常來臨時，還是只能一步一步走下去。

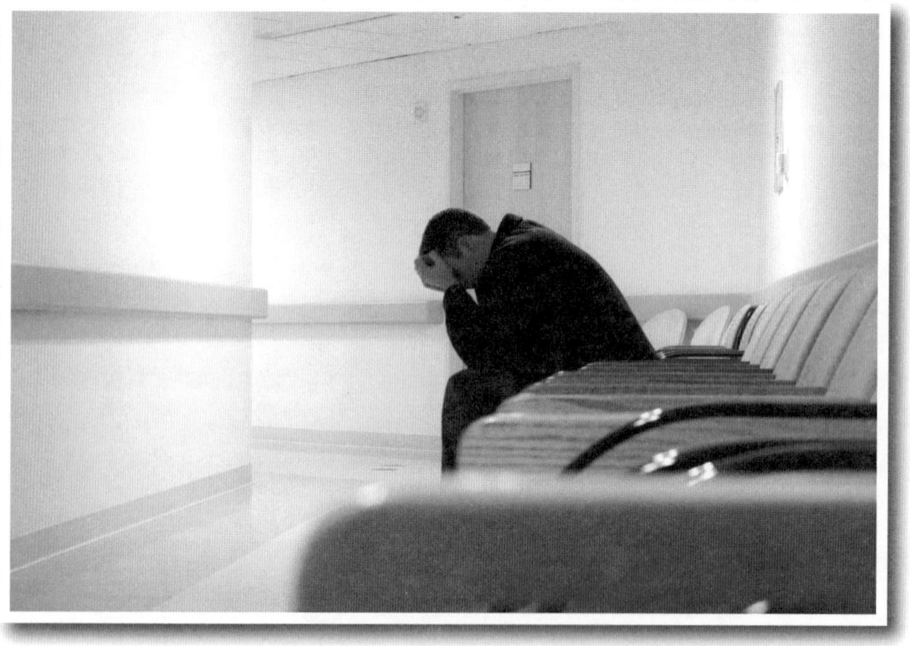

07 死亡無法準備只能面對

有次告別式上，年輕的先生在沒有預先安排之下，想唱首他和太太都愛的〈抉擇〉。他接過麥克風清唱起來：

「偶爾飄來一陣雨，點點灑落了滿地，尋覓雨傘下哪個背影最像妳，這真是個無聊的遊戲……」

他妻子懷胎十月順利生下第一胎，全家籠罩在迎接小貝比的氣氛中，夫妻升格當爸媽的喜悅還沒忘，卻像劣質連續劇，不到幾個小時，妻子突然血崩，搶救不及過世。

每天電視新聞多多少少都有意外事件，小小螢幕那頭發生的事，讓人感覺事情很遠，很難讓人察覺裡頭的無常，

禮儀師經常進出殯儀館，在這個無常的集中地，天天上演類似的戲碼。

八月八日父親節接件，從接體車接下壯碩的大體，看看資料，才三十來歲，未婚。

陪伴大體的是父親。辦過了入館手續，和這父親討論著接下來的喪葬事宜，把家屬準備物品單交給他，這父親痴痴地看著我。

「阿伯，這張單子是明天要準備的，你看看有沒有什麼問題？」

問了問家屬，但這父親仍沒什麼回應。

「你有聽到嗎？」拍了拍肩膀叫他。

「嗯，有啦，你說什麼？」父親這般回應。

我把單子上的物品一樣一樣唸給他聽，但這父親依舊恍神。東西再三交代，問了有沒有問題，他都說沒有，但他的眼神完全是呆滯的。直到問及事情始末，他才流暢地把經過說完。

這父親說：「我在開理髮店（傳統的那種），他（兒子）說晚上要帶我去吃飯，去過父親節。時間還早，我去洗澡，出來時看他就坐在理髮椅上彎著腰剪腳趾甲，一邊剪一邊跟我聊天。然後他說好了，可以出發，看著他起身，怎麼又彎了下去，我就叫救護車。」

聽得出來，這些話在醫院、親友、警察一一詢問下，父親不知重複說過多少次，但整個內容陳述著過父親節、剪腳趾甲、起身、倒下、救護車，然後呢？不禁讓人想到過去學的「家屬面對親人死亡的幾個過程」：否認（拒絕相信）、憤怒、沮喪難過、接受。這父親拒絕接受急救失敗、死亡、送殯儀館的後續過程，好像時間就停在救護車那時，兒子依然活著。

另一次的接體，往生者就坐在家中椅子過世。是一位高齡九十七的老太太。家屬說幾個小時前，來家中拜拜的信眾還握著老太太的手打招呼，老太太也微笑點了頭。信眾拜完離去前又和老太太說聲再見，就這麼不動了，轉眼間，老太太往生。

兩個突如其來的死亡，大多數人覺得老太太壽終正寢天年已至，卻覺得那年輕人英年早逝。

一樣簡單而沒什麼病痛的死亡，卻在人們眼中有了分別。俗話說「棺材是裝死人，不一定裝老人」，面對這些無常，這些死亡，能準備什麼？

有次告別式上，年輕的先生在沒有預先安排之下，想唱首他和太太都愛的〈抉擇〉。他接過麥克風清唱起來：「偶爾飄來一陣雨，點點灑落了滿地，尋覓雨傘下哪個背影最像妳，這真是個無聊的遊戲……」

他妻子懷胎十月順利生下第一胎，全家籠罩在迎接小貝比的氣氛中。夫妻升格當爸媽的喜悅還沒忘，卻像劣質連續劇，不到幾個小時，妻子突然血崩，搶救不及過世。神若關了一扇窗，必會開另一扇門；只是人生像個笑話，把過程弄反，開了一扇窗，卻關了一道門。

先生唱著歌，樂師慢慢地抓到旋律伴奏著，只是他的淚珠不斷滑落，加強了音量努力地克制情緒，用緊握的拳頭頻頻拭淚。

樂師停止伴奏，因為整個旋律早亂了。

場面有些失控，唱完了第一遍，又接著唱第二遍。當下的他僅只是發洩，還是想著如果歌一直唱下去，時間是否會停住，是否剩下的流程都不會到來？

第二遍完又接著唱下去，這時歌聲只是聲嘶力竭地吼著：「也許雨一停，我就能再見到妳，也許雨該一直下不停。」到最後先生大聲地喘著氣，親友硬把他帶了下去，告別式回到正常，只是對先生來說，何時才能「正常」？

生死有命，富貴在天，在人們無法掌握時，似乎把一切推給命運，除了面對還能怎樣？但為什麼不換個角度，掌握死亡來臨之前呢？

接過一位五、六十歲，正值壯年的男子，年輕時是化工廠廠長，那時正值台灣的經濟奇蹟，也投資了許多不動產，只是隨著經濟崩盤工廠外移，化工廠也惡性倒閉。沒了收入，經濟陷入窘境，龐大的房貸壓力下將房子一間一間賠本售出，經濟依舊陷入窘境。

在這個人生的低潮，為了家庭及子女，這位先生不斷嘗試許多新事業，也運用他化工的專長和頭腦從事發明專利。但發明家和市場行銷有時就像平行線，產品再怎麼好，但沒通路沒行銷，所有發明只叫好不叫座。不過即使遇到挫折，為了現實生活，也只有不斷努力。愈挫愈勇後，某樣產品有了起色。

他一直以為腹部脹氣只是壓力過大，某天發現不對前往醫院檢查。肝癌，治療沒起色，往生。

在他人生從低潮再爬起時，遇到的就是無常。或許讓人惋惜，不過他在蠟燭燒盡前也要發出最後一絲亮光。

死亡像陽光般難以直視，該杞人憂天地準備嗎？只是，再多的準備就能讓我們勇於面對死亡？

有個故事說著，一位虔誠的老婆婆，每天一定去寺廟燒香拜佛，上香時總會喃喃自語：「菩薩啊，我年紀大了，該有的都有啦，這一生足夠囉，您隨時來帶我走吧！」

某天恰巧被調皮的小和尚聽到，就躲在菩薩旁附和：「那我就帶妳走囉！」

老太太一聽，嚇死了！

生跟死都是不能挽回的，該想的是怎麼度過中間這段時光，把日子過

好、讓生活充實。

曾有個家屬和我說，老公出意外那天，他們正在吵架，吵架沒好話的結果，她對先生說：「那你就別回來呀！」一語成讖，老公出了門發生意外，妻子一直後悔自己為什麼說出那樣的話。

生命中有太多事可以在乎，至於死亡，別怕，我們不會活著面對它。

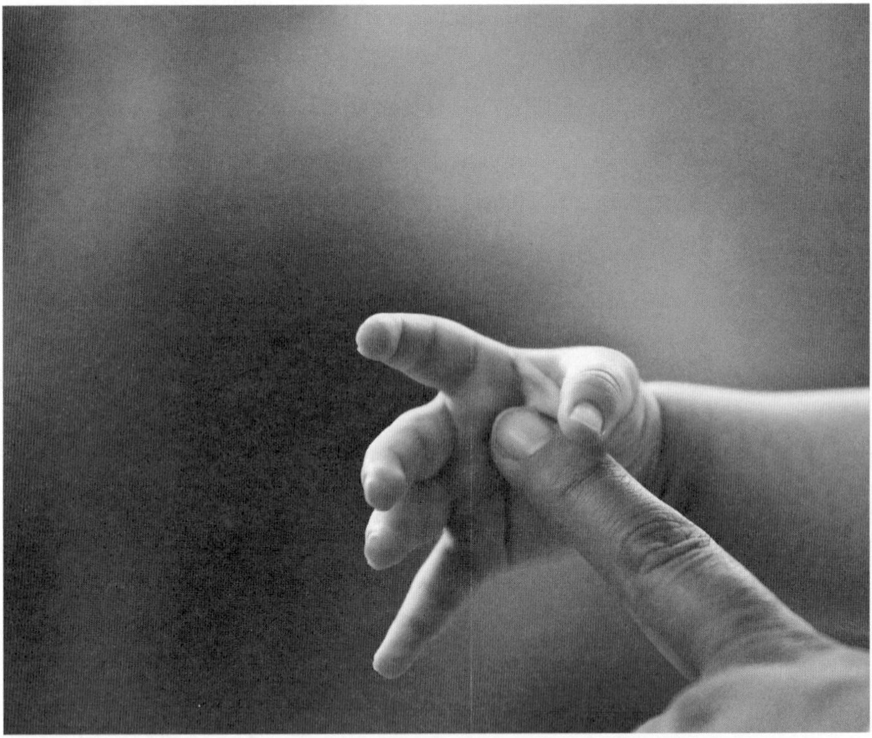

08 財產與家庭和睦的選擇題

有種習俗「睏棺材腳」，也就是出殯告別式前，所有的子女都要睡在靈柩旁，一來守靈，另一種科學說法是，讓子女們同處一室，就不會互相咬耳朵，有任何事都等到圓滿再說。傳統的習俗還是有其道理的。

《三字經》裡說：「融四歲，能讓梨，弟於長，宜先知」。孔融四歲時，就懂得長幼有序，但到了現代呢？當孔融可能四十歲了，長輩往生，留下一筆豐厚的遺產，孔融上有五兄長，下有一小弟，所以財產分七份？錯，長兄的長子稱長孫，他也該分一份，所以是分八份？錯，依民法規定女兒一樣有繼承權，所以該分幾份？

現實就是這麼殘酷，豐厚的遺產該怎麼分？若以孔融兄友弟恭的禮讓精神，敬重兄長自己分小的，友愛晚輩自己分小的，那他乾脆辦理拋棄繼承，別分了！

往生者留下一塊坪數不小的空地，空地的東西臨路，南北臨巷，方方正正，不用估都知道頗具價值。

剛開始家屬還沉浸在喪親之痛時，只有難過；隨著大體安置妥當，逐漸回到現實，而現實常是另一種「三字經」。

靈堂設在家中，騎樓放了張桌子供家屬折蓮花或其他之用，但家屬硬要求外頭馬路對面還要再搭個棚架，也要放張桌子。

開始時家屬向我解釋他們人多，多個休息處比較方便，只是兩個休息處隔著馬路，似乎成了壁壘分明的兩個陣營；騎樓下的是兒子兩人，棚架下的是女兒三人。當然兒女各有嫁娶，所以加起來人數更為眾多。外頭的女兒團除非上廁所、拜飯、誦經，不然鮮少進到屋內；而騎樓下的當然沒理由跑到外頭，偶爾兩邊人馬寒暄幾句，然後又回到兩個堡壘私語，順便折折蓮花。

我在騎樓下時，大媳婦開口問：「禮儀師，大孫頂尾子，財產是不是也該有一份？」

這問題可不得了。過去當然是，但任誰都能感覺兩邊不尋常的氣氛，我趕緊回應：「對啦，古代是這樣，但現在做法比較不一樣了！」

「對呀，時代不一樣啦！」一旁的弟弟馬上應聲道。

大媳婦又對著小叔說：「你應該也有聽到呀，爸爸以前就說大孫也要分的。」在兄弟陣營裡，似乎有了點小爭議。

我在棚架時，姊妹團和我聊起天。「禮儀師，現在還有長孫要分財產的吧？」

我回答：「是……有啦，但一般都是生前立遺囑什麼的，然後子女照著做的居多。」

「沒耶，老爸沒留下遺囑耶！」

當我聽女兒說出這句話，心中想著，或許這位往生者真說過長孫也要分吧，只是現在誰認帳？依法來說，就是子女平分，也就是各五分之一，但若加上長孫之後變成六分之一，弟弟當然有意見。也因此，弟弟偶爾會到姊妹團坐坐。

古代以長房出長孫，讓整個姓氏宗族一脈相承，只是長孫多分一份，這問題在現代卻讓這個家族不好取捨。到底該怎麼分？大媳婦堅持著父親說過，但其他人不願接受。長孫這房雙拳難敵四手，提出另一個解決辦法。

「那擲筊，看看爸爸怎麼說！」

擲筊這把火又燒到禮儀師。

「禮儀師，有人這樣做的嗎？」

「禮儀師，擲筊會準嗎？」

「禮儀師，這樣不科學吧！」

如果你是禮儀師，會怎麼回答？當著大家面說準，還是不準？如果準，那擲筊時問看看禮儀師能不能分一份？就算允筊，家屬也不可能認帳的。

面對這樣的問題，也只能閃閃躲著和家屬說，有時會準，但有時又只是機率的問題。如果真要依此方法，那大家都沒意見就好，也就是大家都同意再來擲筊，免得到時有更多問題。

回到民主的方式，最後決定不要擲筊；結果一樣採民主方式表決，就是土地分五份就對了。聽姊妹團說大媳婦非常不能接受，她說夢見爸爸生氣，還自己跑去靈前哭著擲筊。但不管如何，總算達成了第一個共識。但緊接著第二個問題又來了，土地要怎麼劃分？大家共同持有？共同持有的問題就是以後要賣要蓋都比較麻煩，但若要直接分割成五份，怎麼切？東西切？南北切？順序呢？抽籤？還是依兄弟姊妹的順序？兩個陣營勢力又在這問題中重新洗牌，或許讓原本兄弟組和姊妹團來來去去，也是另一種互動。

大家都希望直接切割，這樣未來自己可全權做主，公平點的切法就是東西切，這樣每個人都有兩邊臨路的店面價值。只是大哥和最小的妹妹想要南北切割，然後依順序分，這樣兩邊臨路店面剛好一個大哥的、一個小妹的。不過大哥小妹也知道這樣眾人一定不會同意，於是大哥小妹成了騎樓陣營，然後慢慢著遊說著其他兄弟姊妹，只要有人同意他們，那就是三對二了。

這問題又煩惱著家屬好幾天，突然有天大哥和小妹開口：「爸爸本來就要我們和和睦睦別傷了和氣，大家要公平，所以東西切對大家最公平。」

初始沒人搞懂這突如其來的轉變，後來其他家屬才對我咬耳朵；真相是大哥小妹可能遇到高人指點，若依他們的分法南北依順序分，兩人的兩個「大」店面還要預留騎樓，扣掉騎樓，一樓根本沒辦法使用，所以才有這種轉變。

最後還是沒分配出結果，但案件結束，我的工作也總算完成。

記得有種習俗「睏棺材腳」，也就是出殯告別式前，所有的子女都要睡在靈柩旁，一來守靈，另一種科學說法是，讓子女們同處一室，就不會互相咬耳朵，有任何事都等到圓滿再說。傳統的習俗還是有其道理的。

某次看到有個靈堂家屬怎麼和場地工作人員那麼熟，一問才知子女願意繼承遺產，但不願幫往生者辦喪事，往生者的兄弟看不過去提告，往生者則在那靈堂放了數月。

聽來不可思議，但真的發生。長輩若有大筆遺產可以遺留給子女，是子女們的幸福。只是錢永遠不嫌多，要能公平更難，預立遺囑是最好的做法；把事情交代清楚，把所有的錢財土地做妥善的分配，至少能讓部分子女接受。但最後，或許仍會有人質疑遺囑的合法公平性，然後又是一番爭議。該怎麼做，不斷地考驗著人性。

09 平靜不等於不孝

她們說著最後一次看到父親，也是在打掃時，掃完一樓沿著樓梯到二樓。樓梯上嘔吐物顏色很重，味道很腥，然後發現父親吐血倒在床邊。

姊姊說到這裡，態度倒有些輕鬆，跟我開著玩笑說，她跟妹妹掃了這麼多年，很專業，可以開間專業清潔公司哩。看著她們的笑，這場喪事對父親及兩個女兒來說，都是一種解脫吧！

有些家屬很愛哭，有些很理智地不表露情緒。

並不是愛哭的就比較「友孝（孝順）」。禮儀師做久了一定能從家屬談話互動間，瞭解他們和往生者的情感。

有些認真地送著親人，不幸的，有些的確只是處理事情。面對這些，禮儀師多少都該淡然面對；每個家庭都有自己的故事，有自己的無奈。

往生者就這兩個女兒，有一個離婚的太太，據女兒說媽媽不會來的。兩個女兒滿年輕的，不到三十歲吧，尚未結婚，以她們的年齡，應該有著活潑的眼神，但她們的眼中卻帶著哀傷；那種哀傷不是一般家屬痛失親人的「悲傷」，而是連笑起來眼中仍帶著無奈。

豎立往生者靈位後教著她們拜飯，問到父親愛吃什麼時，妹妹搶著開口：「他只愛喝酒！」聽妹妹這麼說，讓自己想到當禮儀師以來，常遇過許多這樣的回答：

「他只愛喝酒！」

「他只愛抽菸！」

「他只愛吸毒！」

習俗上說著「死人執」，往生者多數是執著的，最後這段路，該給往生者繼續喝嗎？還是該讓他保持清醒地走到終點？

我回答著妹妹：「看妳們還想不想讓他喝囉！」

和兩個女兒比較熟後，問到了她們父親的事。

她們說小時候父親就會喝酒，常和媽媽吵架，還曾經打過媽媽，每次看著母親哭都很心疼，然後大家一起抱著哭。妹妹個性比較直，還曾經叫爸媽別吵架，叫爸爸別打媽媽，結果妹妹不是被罵「小孩懂什麼！」不然就是被打。

後來終於離婚，姊妹倆說，聽到離婚這消息時，根本沒太大感受。只是離了婚，爸爸酒喝得更多了。

她們說著從國中開始，最討厭的就是每周兩次去爸爸那，在門口就可以聞到味道。

開了門，酒精、胃酸加嘔吐物的味道撲鼻而來，客廳滿地的報紙、塑膠袋、便當盒，還有永遠都清不完的酒瓶和嘔吐物。

就這樣，清了清，掃了掃，擦了擦，整理好隔幾天再來時，又恢復成那噁心的樣子。

曾跟媽媽說過不想去，但媽媽總無奈地說：「再怎麼樣，那是妳爸！」

她們和父親不怎麼說話的，也沒機會說話，掃完客廳、廚房，沿著垃圾嘔吐物到二樓，父親不是醉倒在床上就是地上。偶爾遇到半醉半醒時，就是抱怨著媽媽，說都是媽媽害了他，然後發著酒瘋開始亂丟東西。

她們又說著最後一次看到父親，也是在打掃時，掃完一樓沿著樓梯到二樓。樓梯上嘔吐物顏色很重，味道很腥，然後發現父親吐血倒在床邊。

姊姊說到這裡，態度倒有些輕鬆，跟我開著玩笑說，她跟妹妹掃了這麼多年，很專業，可以開間專業清潔公司哩。看著她們的笑，這場喪事對父親及兩個女兒來說，都是一種解脫吧！

也曾接過一個大體，獨居老人往生，當屍臭濃濃地從屋內飄出時才被人發現。

到現場時，那是條熱鬧的大街，每間店舖都在營業，其中夾著一間沒整修、髒兮兮的老房子。

透天厝外頭，一堆鄰居路人議論紛紛，好奇跟聊天的圍觀心理，可能讓這些「參觀群眾」忘了臭吧。

戴著口罩手套進到屋內，從地板堆到天花板的資源回收，只留下一人通過的小徑。踩著垃圾沿著小徑，曲徑不通幽地看到往生者。躺在一塊四尺乘八尺的木板上，屍體已發黑腫脹，請工作人員將大體放入屍袋後，對著外頭大聲一喊：「大體要出來了！」

圍觀群眾立刻鳥獸散。看到這場景總讓人想笑，不是很愛看？

繁華街上的店面，值不少錢吧。兒女都很有成就，有工程師，有醫生，但怎麼會讓父親一人在這？

子女們聊著父親。父親以前深邃的眼眸似乎總看著遠方。小時家裡環境並不好，每天雖然辛苦下田耕種，但賺的錢都拿來栽培孩子念書。

那時，媽媽總會抱怨著：「吃飯錢都不夠了，還念什麼書，種田比較實在啦！」

父親聽到媽媽這樣說，總是笑笑地回著：「錢哦，我都把錢存在妳看不到的地方！」

現在想想，父親真的好有智慧。

子女又說著過去父親愛乾淨，整個人就是斯斯文文的，和大家也都有說有笑。後來母親走了，父親就變了。

父親過去的深邃眼眸，只剩下無神地瞪著前方，開始孤僻，不再和人說話。

和他打招呼也不理，每天就是出門撿破爛，撿的破爛也不賣。就這樣一直堆一直疊。

曾請過人來整理家中，父親火大咆哮，甚至伸手打人，搞得鄰居圍觀、警察關心。

每年團圓飯最痛苦，不捨讓他一人過，硬把他帶到餐館，還沒上菜就開始罵人，罵到快被餐館請出去，只好結束團圓送回家。

許多鄰居親友總不停提醒著要多關心他、多照顧他，但是能怎麼辦？父親不看醫生，強迫他住安養院還逃了出來，久而久之也不管了，反正就這樣。

如果在身旁看到這些獨居老人，看到他們撿著破爛過日子，看到他們過著可憐的生活，你會怎麼想？

常聽人家講「天下無不是的父母」，只是自己若是故事中的子女，又能多做什麼？

禮儀師淡淡地看著每個故事。**人生有許多不完美，更有許多無奈，有時還是得交給時間延宕一切，一天過著一天，當某個句點來臨時，對大家都是種解脫。**

10 沒什麼對錯，只有適不適合

就我而言，少了往生者特色的喪禮就是不對，畢竟每個人不一樣，縱然喪禮可以慢慢簡化，也不應簡單到忘了主角是誰。

喪事中有許多角色，每個角色的目的應該都一樣，希望這場喪事圓滿。

先前遇到一位藍先生，和這位藍先生有著妙不可言的緣分；他不是我服務的家屬，但我卻能遇到他許多次，每一次，都有不同想法及感受。

第一次遇到他，是在我服務的案件中，在告別式前一天，當時我正和家屬確認隔天出殯的所有細節，他坐了過來，家屬向我介紹他。

他是某宗教團體的志工，禮貌性點頭微笑後，繼續我的協調，只不過突然加入個陌生人，心中難免多想了一下。

「我覺得你們禮儀公司應該要多進步！」藍先生冷不防地發了言，語調帶著不屑，內容更是不經修飾。

「這位大哥，您可以直接提出建議呀，大家的力量才能讓殯葬進步嘛！」我回答。

「現代的喪禮都嘛跟以前不同，你們可以建議家屬家祭時，自己說些感謝父母的話呀！」

聽到這句突然覺得好笑，之前的協調藍先生並不知道，怎麼突然指責起來。

其實接到這工作的初步協調，就和家屬提過，家祭中要感謝追思的內容，司儀一定有「制式」的稿；若家屬想自己表達追思時，我們都會建議自己擬稿，可以把一些過去發生感動的事講出來，這樣會更有感觸。

我對著藍先生說：「大哥，這想法從服務的一開始就有建議，剛剛你還沒來時也確認過了。每個家庭不一樣，有的適合，有的不適合。」

我會這樣回答的主要原因，在於藍先生這種說法，似乎一定要做才是對的，但家屬已明確表示由司儀來進行即可。**本來每個家庭狀況不盡相同，沒什麼叫一定要或一定不要。我不喜歡讓家屬有「遺憾」或少做什麼的感覺；就禮儀師而言，沒什麼對錯，只有適不適合。**

「我是覺得你們在這方面可以好好去加強。」他這麼接著。

我腦中閃過的是，他可真是個堅持自己想法的人啊。

他又接著說：「你們可以多多吸收些新觀念，像現在ＸＸ山，ＸＸ山都開始有一些專屬的宗教流程，看起來很莊嚴，很隆重。這些你們都應該知道呀，以後的喪禮都應該像這樣。」

說到這裡，禮儀師每天接觸喪事，沒事也在殯儀館跑來跑去，看到別家有什麼特殊儀式，一定馬上去瞭解；這些新儀式流程是什麼，怎麼可能不知道。

簡單來說，就是把整個告別式改成一個唸佛會，也不用司儀或樂隊，背景就放著唸佛聲；不分家祭和公祭，家屬也不再分兒媳女兒內外孫，包括所有的親族朋友，全部就兩個兩個上前拈香，一邊拈香一邊口唸阿彌陀佛，當所有人拈過香後，告別式便結束。

若參與的全是同一團體的，大家都會覺得好棒，但這種變化對其他的親朋好友來說，只會不知所措，甚至發出「就這樣結束？」的大問號。因此這類型的流程也改過許多版本。

不過，對目前這個案子的家屬來說，家中並非全是信眾，而且隔天就要告別式，藍先生若有這些建議，本應早點說。

當下我只是淡淡地回了藍先生一句：「那種做法在目前，不是每個家屬都能接受。」

看到這，您的感覺是什麼？我這禮儀師的想法太偏頗？還是藍先生太過執著？或許就有人參加過這樣的喪禮，而且覺得很棒。但就我而言，少了往生者特色的喪禮就是不對，畢竟每個人不一樣，縱然喪禮可以慢慢簡化，也不應簡單到忘了主角是誰。

大約隔了一、兩年，那時我是工頭，跟許多禮儀公司配合，在某間專做佛化禮儀公司的告別式上，我又見到了藍先生。

這次藍先生變成家屬，穿著「長孫」的孝服，明確知道往生者是他的祖父。在那次的喪禮流程中，我並未看到家屬唸追思文，也沒見到藍先生的「進步莊嚴」流程，完全依造著一般大眾化的流程走。

藍先生不記得我了，但我很想問問他，為什麼沒說服自己的家屬「進步」？不過腦中還是會幫他找台階——或許他家人不好溝通吧。

又隔了約一年，一樣的禮儀公司，一樣的藍先生，只不過藍先生這次穿著代表「孝男」的麻衣。

是的，他的父親往生，身為兒子，或許比較能主導喪禮形式了？然而喪禮一樣分成家公祭，追思文一樣由司儀唸，換句話說，還是照著一般大眾化的流程進行，沒任何的「進步」。

我從沒想到會再見到藍先生，也沒想到是在這種情形下見面。當他說著某流程多麼莊嚴多麼隆重時，說服別人的同時，為什麼自己家卻不實施呢？

當時，我心中想的話是「己所不欲，勿施於人」，過去說著禮儀公司不進步，說著家屬該怎麼做，但自己家的喪禮呢？

喪禮的過程中，總會出現許多道貌岸然、好為人師的角色，看著別人盡是一副「非我族類，其心必異」的想法，講些高不可攀的話，殊不知對家屬來說，有時反而是種困擾。

喪事中充滿著一堆「藍先生」，相信禮儀師們會是一樣的看法。這些人出現在喪事場合高談闊論，反正不用為提出的意見負責。這些「空談」做出來的效果，禮儀師心裡一定有個譜，因此面對各種「想法」，家屬可以多和禮儀師溝通，或許反倒能討論出家屬真正想要的做法。喪事沒什麼對與錯，只有適不適合。

放下執著，讓一切更圓滿

11 不要過份依賴習俗

家祭結束，公祭開始，但兩個外孫竟然不知所蹤！所有人都祭拜後，司儀下達了：「家公奠禮圓滿禮成，奏樂！」

外頭響起刺耳的摩托車剎車聲，兩個外孫不知從哪趕回來，兩人手上多提了一個袋子，我不管裡頭裝的是什麼，隨手接過他們手上的袋子，引導他們奠拜，一拜完我馬上問：「你們是跑哪去了？」

「就有人叫我們要去買肉粽呀！」外孫邊喘氣邊回答。

我心中想著，是哪個白目的傢伙?!好氣又好笑地問他們是誰出的主意，外孫舉起手看了看，找不到人了。

整場喪事在剛開始的規劃安排後，大多禮儀師會在每個流程前再次和家屬確認，以避免有遺漏或更動。一旦確定，多數家屬和禮儀師都希望就照著流程跑，這樣最能全盤掌握。

喪事最重要的莫過於告別式，這是一個親友來賓向往生者送別及祝福的時候。這場告別式在一個鄉下村落，當然前一天已和家屬再三確認細項。許多禮儀師不喜歡在鄉下自宅承辦，除準備物品較多外，最討厭的就是人多雜音就多，常會有突發狀況，因此禮儀師總會提醒家屬：「每個地方風俗民情不同，如果親友有什麼建議，事先讓我們知道比較容易掌握。」

家祭持續進行，司儀按著輩份依序請親戚上前祭拜，禮儀師則在禮堂外處理大小事。隨著司儀邀請，到了外孫這梯次時，馬上注意到少了兩個人。這兩個外孫總喜歡問東問西，所以讓人印象深刻，但現在呢？人那去了？環視著奠禮堂內外，就是彷彿人間蒸發地找不到人，能問的人都問過，沒人知道他們去哪，也不能因此便停止程序，家祭持續進行。

家祭結束，公祭開始，看看受聘桌上沒幾張公祭單，在場的大多是親戚，看來家公祭很快就會結束，但兩個外孫竟不知所蹤！

所有人都祭拜後，司儀下達了：「家公奠禮圓滿禮成，奏樂！」直到此刻，外頭響起刺耳的摩托車剎車聲，兩個外孫不知從哪趕回來，直接把摩托車停在奠禮堂外。兩人手上多提了一個袋子，我不管裡頭裝的是什麼，隨手接過他們手上的袋子，引導他們奠拜，一拜完我馬上問：「你們是跑哪去了？」

「就有人叫我們要去買肉粽呀！」外孫邊喘氣邊回答。我心中想著，是哪個白目的傢伙?!好氣又好笑地問他們是誰出的主意，外孫舉起手看了看，找不到人了。

整起事件一點都不靈異。叫他們去買東西的是一位附近鄰居，鄰居拜完，人就回家休息去了。就我所知，部分地方若有人自殺或冤死，會透過送肉粽的儀式，象徵著把「煞氣」送出去。但這往生者是年邁死亡，而且當時並非端午節，這村落也沒這習俗呀。我已懶得去詢問這位鄰居為何要人買肉粽；喪事中常有這種人出主意，當我們認真去問他們為何這麼做時，多數的人不會去瞭解道理涵義，他們只會說：「我看別人都那樣做呀！」「我們這邊都是這樣做的！」然後有樣學樣以後照著做。很少有人去思考習俗很重要嗎？不做會怎麼樣嗎？為什麼要做呢？

有次鄉下接體，跑出一個路人甲對著我說：「肖年仔，我們這兒很傳統哦，你系ㄟ樣做某（你是會不會做）？」

確認對方只是好心的人後，我說：「哇！很傳統哦，你們這邊現在還在守喪三年嗎？」

他一聽隨即說：「嘸啦嘸啦，現在沒人這樣做了啦！」

聽得出來他也沒什麼惡意，只是善意的提醒。

傳統習俗就是這麼有趣，每個地方、每個族群都有不同的風俗民情；古代民智未開時，有些警惕性的習俗，如貓咪若跳過往生者，大體會坐立起來。想想可能嗎？習俗背後的涵義只不過要家屬好好守護大體。有些習俗或多或少仍維持著當初的輪廓，如孝男在墓地旁守喪三年，三年不工作行嗎？隨時代進步，這部分習俗也失去意義。

一堆人初入此行時，面對南轅北轍的傳統習俗，這村莊要路祭、那村落要吃麵線；這裡女婿要撐傘、那裡長孫要坐轎……聽著這些多如牛毛的習俗，歸納出「殯葬學問大」這道理。

過去殯葬禮儀簡單來分就是：泉州、漳州和粵籍，為什麼愈變化愈多，而產生千里不同風，百里不同俗呢？理由很簡單，不一樣才不能跨界呀！一樣的禮儀習俗在這村落改一些，過條橋到另一村莊，那邊的葬儀社又改了一點，導致橋這邊和那邊有著兩種不一樣的風俗；這村發生喪事，或許想找另一村葬儀社，只是難免害怕習俗不一樣而卻步，要找習俗一樣的，就只能找自己村落的葬儀社。對業者來說，似乎市場變小了，但反過來說，另一村的村民不也一樣。大家都害怕習俗不同，所以只能找當地業者，無形中就是市場壟斷。老一輩業者還是很有智慧的，把當初同源的禮儀化為百千種各式習俗，進而保障自己的市場。或許殯葬學問大的重點，不在熟知各式各樣習俗，而是老一輩業者懂得「運用習俗」來達到「市場區隔」的學問，這才是殯葬學問大呀！

記得有次接體，是個醫生家族，聊到喪事注意事項時，講到古代守喪時是不能刮鬍子、不能洗澡洗頭的。我特別向家屬強調了「古代」生活習慣本來就不是天天盥洗，在喪事期間又因守喪及難過而沒時間做，現代自身清潔衛生比較重要。後來子女們問了長輩，決定遵循傳統，守喪十來天沒洗澡洗頭，又值炎熱夏季，每次去喪家，總是瀰漫著一股很差的味道；我建議他們還是可以盥洗，但他們堅持長輩的交代，不敢或忘。

愈來愈多家屬接受對臨終者放棄急救或侵入性治療的觀念，但仍有許多人堅持著為了避開過年或農曆七月，硬把一劑一劑的強心針灌注到病人身上。我不禁想問，心臟多跳這幾下對臨終者真的好嗎？古代醫學不發達，生病只能請大夫到家中，若病人往生，就將之直接移到正廳。但現在不同，一有不舒服立即送醫院，在醫院可以獲得較好的環境及治療。當醫生告知家屬病人快不行時，為了留一口氣回家，幫臨終者施打強心針，同時緊急叫救護車。同時間家中慌亂地準備，就這麼一路奔馳家中。

只是，何時死亡難以精確計算。曾有個案件回到家後，換上厚重的傳統壽衣（五件七層），看著臨終者不停流汗，喊著身體哪處疼痛，就是沒斷氣。「等死」的過程持續了幾天，最後又脫下壽衣請救護車送回醫院。

當家屬面對這些傳統複雜的習俗問題時，該依什麼角度？是該聽鄰居親友，還是聽禮儀師建議，或是上網找資料？

站在家屬立場，我們能理解家屬不懂，害怕做錯，所以多聽別人說的，鄰居講一種、親戚一種、上網又找到好幾種，到底那種才是對的？

怎麼做才對並無一定準則，但依著別人做過的，或過去做的就一定對嗎？**其實可以請禮儀師幫家屬做一份分析歸納，讓家屬知道每個習俗後面的道理意義，覺得有道理的再做，沒道理的捨去。處理事情本該如此：用科學的方式將習俗化繁為簡。**

只是家屬常在禮儀師解釋完後，反駁看到的不是這樣、長輩不是這樣說、網路不是這樣寫……種種質疑後，禮儀師「省事事省」地簡單回應：「好啊，那依著你要的做。」這樣百般調整，反倒讓整個流程又亂了。

有次和家屬協調到靈柩出門時，當地習俗子女們要在靈柩後邊哭邊爬，代表依依不捨。原本我解釋不用如此，但家屬以習俗為名堅持著。到了靈柩要出門時，子女們搶著跪爬在後頭，一個女兒跪下時不小心「叩」地好大一聲，頭硬是撞在棺木上。她一陣昏眩，整個場面也亂了。

什麼是禮儀、什麼是習俗，長輩說的正確？網路上資訊是對的？還是禮儀師有道理？家屬面對這些問題時，唯一的重點是：家屬信了什麼。

12 相信而不迷信

大家都動了氣，愈來愈多的師兄師姐加入戰局。看著先生沉默不語的反抗，一位師姐氣憤地罵著：「你就是這樣，你老婆才會死得那麼早！」

一句動氣過分的話出口後，沒人再開口，場面整個僵住。只見先生紅了眼眶，眼淚直在眼中打轉，滴下眼淚的同時，他猛然起身，對著所有在場的師兄師姐吼著：

「你們都不要有人死！」

德國哲學家尼采說：「上帝已死！」中國的范縝提出：「神滅論！」若讀者看到這兩種論述已嗤之以鼻時，這篇內容可能會讓您讀來不舒服。本篇內容並無詆毀各宗教，只是多數人不去瞭解尼采或范縝論點，便單純認為他們說的是錯的，這樣對嗎？套句李敖講的：「每個人都會罵人王八蛋，但李敖卻能用證據證明你是王八蛋！」若知道他們的論點後反對，當然有其著力點，不過，不是每個人都有空去瞭解他人論點，但是能否試著放開心胸，聽到另一種語言呢？

西方叫原罪（Sin），東方叫業，幾乎所有的宗教都要我們「懺悔」、「悔改」，這些「錯」是與生俱來的；佛教因為有輪迴之說，許多業是千百世累積而來，許多錯是無始無明的習氣；所以不論今生如何，都應該「懺其前愆、悔其後過」。

年紀輕輕的妻子往生，娘家那邊請來了許多師兄師姐幫忙拜懺迴向。先生不算是虔誠的佛教徒，但再怎麼樣，大家都是為了妻子好。先生配合著所有人一起誦經，當儀式進行一段落，眾人要求先生唸懺文（注），只見先生看著懺文後即深鎖眉頭。

「我太太是很好的人，上頭寫的這些東西，她一件也沒做過。」看完後先生如是說。

「懺悔是很重要的，只有真心誠意的懺迴才能瞭解自己過錯；這算是一種洗罪，才能消除累世的業障。」某位師兄跳出來解釋。

「但裡頭寫什麼罪孽深重這些的，她哪有？她很善良。」先生仍難以理解地回答。

「人有貪瞋痴，有習氣，往往造了許多業是自己不知道的；這只是一張懺悔文，內容大多都是這樣。」某師姐打了圓場。

只是先生仍難以接受。對先生來說，他可以接受誦經，因為這樣對妻子好，但要他說一些妻子的壞話，他就是說不出口；反正只是制式內容，不要唸就好啦，為何要像逼供一般地叫人認罪！

只是在其他師兄師姐眼中，反正只是制式內谷，儀式就是這樣做呀，照著做就對了。兩邊堅持下，愈來愈多的師兄師姐加入「討論」；師兄師

注：佛教懺文內容大多成了既定格式：「或自作或隨喜作或教他作。或偷盜佛物四方僧物。或自作或隨喜作或教他作。或造五無間罪十不善業道。或自作或隨喜作或教他作。由此業障覆蔽身心生於八難。或墮地獄傍生鬼趣或生邊地及彌戾車。」

姐不能接受流程儀軌更動，要求先生照著做就好，但先生硬是不肯。先生一人面對著眾人，對著大家說：「有就有，沒有就沒有，不要把沒有的事加在她身上。」

辯者不善，善者不辯，措詞強烈的討論間，大家都動了氣。愈來愈多的師兄師姐加入戰局，也不再討論往生者是否做過這些事，更不再討論諸惡業，一位師兄首先開砲：「反正就是這樣，唸那個沒什麼啦！」

看著先生沉默不語的反抗，一位師姐氣憤地罵著：「你就是這樣，你老婆才會死得那麼早！」

一句動氣過分的話出口後，沒人再開口，場面整個僵住。只見先生紅了眼眶，眼淚直在眼中打轉；滴下眼淚的同時，他猛然起身，對著所有在場的師兄師姐吼著：「你們都不要有人死！」

場面降到冰點，沒人再說話，只聽到先生微微地啜泣。

這種突發的狀況，兩邊又都不能得罪，我進到裡頭，搭著先生的肩，把他拉到外頭。一個大男人，一邊哭著一邊對著我說：「為什麼她沒做的事，就是要我承認，我老婆人真的很好，我也不想她那麼早走呀……」

聽著先生這樣說，當下的我竟也不知該怎麼回應。帶他離開那場地，愈遠愈好。找到一棵樹，在下面坐著，遞上面紙。

我腦中想著，先生說得也沒錯呀，為何一定要欲加之罪？或許沒有誰對誰錯，但為什麼就不能互相尊重？輪迴或許是真，但不相信不行嗎？若我是那先生，或許就僅僅順從眾人的意思，反正只是唸一唸就沒事了，何必要管這些有的沒的；管她是否真做了那些事，我照著唸，他們就得閉嘴。

只不過，一個喪偶的男人，難過之餘，面對這麼多同一砲口的師兄師姐，或許僅剩些許執著吧。

先生隻身為妻子辯駁，辯駁著大家習以為常的事，辯駁著他妻子就是這麼好的人，這需要多大的勇氣！

整個故事就這麼結束。先生依然不妥協，而先生的堅持或許獲得了最後的勝利；這次的助念後，師兄師姐不再出現，自然沒有這些爭議，一切恢復平靜。

最後喪禮順利地結束，先生也不需承認他妻子未曾犯過的滔天大罪。

只是宗教的信仰著迷和走火入魔是否一樣？宗教本身大多是善的，但依賴著既定的儀軌是否是好的？又或許在眾人的宣導下，違背了宗教的本意，而執著在一些繁文縟節上。旁人看這宗教時，是認為這些信眾太執著，還是認為這宗教不好？因人莫名的執著，而間接扭曲了宗教的本意。

聽過一個師兄說得好：「學佛就是要學活，更要活學。」簡單的道理卻總變了調。

談到宗教，忍不住分享一個小插曲。

有些人認為只要跟宗教有關，什麼都是對的，那種執著似乎超越一切。曾遇過一位家屬，他說：「一直讓往生者聽得到佛號很重要。」

「那你來的時候要注意唸佛機插頭有沒有被拔掉，還是有沒有壞掉。」坦白說，我的回答有些敷衍。

「入殮的時候我要把唸佛機放進去。」家屬希望任何時候都有它在一旁。

「不行，唸佛機不能燒！」我突然驚醒，回答。

「為什麼？」

為什麼？腦中突然楞了一下，好像就是不能呀……國中國小的老師好像就是這麼教的，我隨即回答：「燒電池，會——爆——炸！」

家屬沉默了一下，似乎也回想到過去所學所知，但還是回我：「那把電池拔掉。」

終於，家屬間有人聽不下去，跳出來回答：「那就沒聲音了！」

台灣的宗教自由，讓每個人可以自由地選擇自己所相信的，但在相信的同時，是否該保留一些空間給予他人？是否也該謹慎思考檢視，各宗教對信眾的要求背後真意為何？

常見報上有一些騙財騙色的神棍，在這些消息被踢爆時，總有些信眾跳出來支持，也有些信眾無辜地說著自己是被騙。許多「有心人士」利用這些名義得到某些好處，只是都不曾被揭發。姑且不論這些，信奉某些宗教的同時，我們是否能多些同理心給予不信教的朋友？我認為，包容接納才是宗教的真實意旨吧。

13 真心比制式流程更重要

兒子從司儀手中接過麥克風，他聲音哽咽，豆大的淚珠漸漸滑落，接著說：「爸爸在病床上最後的幾天，還是會擠出一些笑容；他一直叫我們要開心，沒什麼事好難過！我也很想開心送他這段路，但我笑不出來，他在另一個世界看到我們這樣，不知會想什麼！」最後幾句話，小到幾乎聽不見：「我……只想和大家說聲謝謝！」

聽到家屬講這些話，腦中閃過的想法是「錯了，一開始就錯了……」

常聽到「告別式」三字，其實正確說法叫「奠禮」，其中分為家奠禮及公奠禮。一般來說，和往生者有親戚關係者參與家奠禮，公司團體朋友則參加公奠禮。多數人都認為家公奠禮就是圓不圓滿的重頭戲，除了布置場面外，司儀及禮儀師控制場面的功力也很重要。禮儀師和家屬的溝通協調中，花許多時間在討論家公奠的儀式流程：家屬想要怎樣的感覺？希望能增加或減少怎樣的儀式？詳細溝通下，才知道家屬的預期和現實是否有落差。

還在人力公司任職時遇到一場喪禮，家公奠間，司儀正準備公家屬致答謝辭來感謝所有的親朋好友時，兒子突然朝司儀走去。

事先，我們並不知有此安排，這種突如其來的舉動著實讓所有工作人員嚇了一跳。只見兒子從司儀手中接過麥克風，含著淚對所有親友說：「感謝大家來參加父親的告別式，我也不知道該說什麼，只是覺得，大家應該要笑笑的，爸爸生前就喜歡高高興興快快樂樂的，怎麼今天都不像那樣的氣氛。」他聲音哽咽，豆大的淚珠漸漸滑落，接著說：「爸爸在病床上最後的幾天，還是會擠出一些笑容；他一直叫我們要開心，沒什麼事好難過！我也很想開心送他這段路，但我笑不出來，他在另一個世界看到我們這樣，不知會想什麼！」最後幾句話，小到幾乎聽不見：「我……只想和大家說聲謝謝！」

聽到家屬講這些話，腦中閃過的想法是「錯了，一開始就錯了……」或許是家屬錯，或許是禮儀師錯，或許都錯了。當禮儀和家屬討論喪事時，一般都會拿出一個制式流程。這個制式流程被多數家屬所接受，家屬剛聽時可能就會有初步的想法，但如果有不同的想法，都可以提出；就算是家公奠的前一日提出，許多做法都是可以變動的。如果家屬從頭到尾都沒提，直到告別式這一刻，一切便來不及。

相反的，最常見的情況是，家屬提了，被禮儀師否決。

以大公司的禮儀師來說，同時間手上案件常多到接起電話時，不知道對方是哪個家屬，所以總希望每個案件最好都是一樣的模式、一樣的流程，這樣把事情簡單一致化就輕鬆了。若家屬有什麼特殊需求，除非有什麼利潤可賺，不然都會以流程不好安排、親戚朋友的接受度不見得高，還是禮儀習俗不適合……反正總能找到一堆理由讓整場喪事簡單化。而一些傳統老一輩禮儀師素質參差不齊，總覺得什麼大風大浪沒見過，遇到家屬提出要求時，便會倚老賣老，指著當地大家都沒這麼做、這樣做和大家不同。反正只要沒見過的就是不對，更別說讓家屬有什麼想法。

家屬有想法是一定的。當然家屬不是專業，所以提出的要求或許不能直接執行，但也可以換個方式來做，這就是禮儀師的價值呀！只是一旦決定做，就有所謂效果好壞跟接受度的問題。家屬可以承受嗎？會不會怪罪給禮儀師？兩難之下，**很難知道做了到底好或不好，只能確定都不做，至少不會錯。所以最後家屬少了想法，禮儀師失去價值。**

在某次工作時，家屬問我：「告別式我們能自己來嗎？」

聽到家屬這樣說，老一派或想賺錢的禮儀師便開始否定掉一切，會告訴家屬「告別式沒那麼簡單啦」、「喪禮只能一次不能重來」、「沒有人自己來的啦」這種說法。但撇開營利考量，為什麼不聽聽家屬的想法呢？

「那你們想怎麼做？」我回應了家屬。

家屬說：「我們想用鮮花布滿母親身旁，然後在旁邊點滿蠟燭，播放投影片回憶母親一生。」

我低頭沉思了一下，接著和家屬解釋著：告別式簡單來說，分為硬體及軟體，硬體就是所謂的布置，一般常見的就是花山花海等布置，軟體部分就是流程，如儀式要怎麼進行、樂隊司儀怎麼配合。剛剛家屬說的只是硬體的部分。他們的想法很好，但蠟燭太靠近往生者好嗎？除了會使大體溫度提高之外，萬一一個不小心蠟燭倒了，反倒危險。而最重要的還是流程安排；投影片一定可以放，但要考慮到播放的時間點。若僅僅播放一段投影片，在儀式上似乎太短暫。這回換家屬低頭沉思。

和家屬討論著一般告別式內容。其實他們不喜歡公祭，他們覺得母親往生是家裡的事，不用通知那麼多人來。同樣的，司儀樂隊都是外人，司儀制式地唸著一些追思文，讓他們覺得沒感情，要有感情自己唸就好。再加上他們的親友幾乎都在大陸，不需要司儀把親友分次邀請。但整個卡住的點還是流程，只播放了投影片，過程真的太簡單了。這些問題讓我們思考許久。

轉眼間來到告別式，硬體布置上已向家屬告知，有種棺花車可以在棺木旁圍滿鮮花，棺車為了推動及瞻仰遺容的問題，一定是讓家屬可以直視往生者，所以只使用棺花車的布置會太過單調，建議可以捨棄棺花車，然後用些桌子架子放花，透過高低擺設也會有圍住的效果，而且將蠟燭放在桌上也比較安全。軟體的流程方面，家屬只準備了筆電，我則準備了投影機、音響及麥克風。流程一開始，當音樂開始播放時，家屬從外頭拿著點燃的蠟燭，緩緩朝裡頭走去，接著我關上門，避免家屬受到打擾，開始家屬自理的告別式。

我雖看不到裡頭，不知家屬的情況，但依先前溝通的流程，他們將圍著母親唱首歌，然後播放母親的生平；其中家屬有人擔當司儀，順便控制音樂及投影，讓所有人依上香獻花進果茶的程序祭拜。最後，由兒子唸追思文。

突然，我在外頭又聽到了歌聲。應該是家屬即興地想來一曲吧。直到門再度打開，家屬眼眶紅紅地告訴我：「我們準備好了！」雖然與以往我所承辦的儀式不同，但也是一次圓滿的告別式。

這場喪事家屬沒花什麼錢，沒什麼布置、沒司儀、沒樂隊、不用服務人員，一些較大的花費他們都省了。或許擔任司儀的家屬多少吃了螺絲，或許整個流程沒有制式的順暢，但仍是一樣圓滿。當然，總金額的降低也代表著利潤減少，但換個角度想想，禮儀師本來就不是喪禮的主角，家屬想怎麼追思懷念親人，那是他們的權利。聽著家屬想法、提醒可能的問題，接著協助家屬完成喪禮，這些感動和成就是無價。不花大錢的喪禮，也有無限可能。

14 見最後一面的迷思

隨著資歷一年一年增加，接的案件愈來愈多，從出生七天到一百零七歲。坦白說，自己都會陷入某種病態當中，想讓遺體美美的，總不自覺地想到白先勇的《青春》：「把雪花膏厚厚的糊到臉上，一層又一層，直到臉上的皺紋全部遮去為止。」

「活要見人，死要見屍」這句話，常在電視上聽到，而禮儀師也會提醒家屬何時該看最後一面。只是，往生者好看嗎？之前公司搞了個「壽衣走秀」，跳脫傳統的新式壽衣：黑色小碎花洋裝、細肩帶長裙、晚禮服、燕尾服等，讓人看到原來壽衣也可以這麼美呀！但消費者可曾想過，那些穿著壽衣在伸展檯上的是職業模特兒，每一位都是年輕帥哥美女，但真正躺在棺木內的往生者呢？有了年紀的逝者，適合穿那些新式壽衣嗎？

想到多年前，那時還算是新人吧，但也已接過不少工作，往生者大多是壽終正寢的。有次駐守在某家醫院太平間，當大體從樓上運至太平間助念室，雖然家屬找好禮儀公司，但太平間一般不准其他禮儀公司在裡頭的。家屬要助念，就順便做個服務問家屬：「要把往生被翻到脖子嗎？」

有些人助念是整個蓋住的，但有些家屬會想看著往生者助念。家屬對我點了點頭。我向大體鞠了個躬，輕輕把往生被向下翻。進入眼簾的是一頭烏黑茂密的秀髮，接著是沒有皺紋的額頭、秀氣的眉毛，眉毛下見到長長的睫毛，只是，上眼皮因為肌肉鬆弛而微微睜開著。眼睛裡的瞳孔已經混濁，看不到靈魂；一張清秀的臉龐，若不是半開的眼和嘴，就像活人睡著了一般。看看資料、和家屬聊聊天。十八歲的女生，家中長年茹素，更別提根本沒人抽菸，醫生家屬都不懂，為什麼是肺癌過世。

過世和活著的人一定有差異，往生者必定會有肌肉鬆弛和角膜混濁的狀況。再者由於死亡原因及其他因素，有的往生者臉色暗沉到偏黑，有的因血液下沉反讓生前的黑斑變淡；有的臉部扭曲，維持著生前的痛苦或驚恐……各式各樣的眾生相，隨著資歷一年一年增加，接的案件愈來愈多，從出生七天到一百零七歲。坦白說，自己都會陷入某種病態當中，想讓遺體美美的，總不自覺地想到白先勇的《青春》：「把雪花膏厚厚的糊到臉上，一層又一層，直到臉上的皺紋全部遮去為止。」

那個只出生七天的貝比，臉上沒半點皺紋，看到這遺體，只會覺得像個沉沉睡去的洋娃娃；彷彿死亡是種永恆，讓時間凝結在一個點上。但沒有家屬想看到這樣的遺體，每個家屬都希望親人安享天年，是自己熟悉的、布滿皺紋歲月的臉。

從事了殯葬業，每每看到國外影片有關往生者時，都會聚精會神地看著，觀摩別人是怎麼做的，怎麼能讓往生者看來那麼……正常。原來國外遺體處理和國內有著天壤之別；對歐美來說，人往生了就是遺體，處理得美美即可。但國內的稱為大體，是不容破壞的。這也是為什麼台灣的解剖率遠遠低於歐美。

國外在遺體的處理上會依狀況打上防腐，防腐劑中加入粉紅色染劑，這樣能讓往生者看來臉色紅潤、栩栩如生。又從一些遺體處理的教學影片中學到，在肌肉鬆弛的眼皮及嘴巴，國外會用針線內縫，讓往生者雙眼及嘴巴緊閉，甚至可讓往生者微笑。但這些做法，在國內都被稱做「破壞遺體」。

親人留在我們腦海中的，到底是最後一面，還是過去的點點滴滴？而過去的點滴又和遺體差了多少？

有次接了個少年，騎著摩托車直接從大卡車後方撞上。那個高度剛好讓整個臉爆開，裂痕直到頭頂處。警察叫家屬前來認屍，只看了一眼，父母女友瞬間崩潰。屍袋裡的他，看不出是張臉，旁邊放個塑膠袋，裡頭裝著頭的內容物。這種需要重建修補的遺體，看過不少知名修補師處理過，只是若沒重建骨架，僅僅把爆開的部分縫補，效果真的非常差。疤還可以化妝遮蔽，只是五官完全是平的；像一顆球，在上面畫著眼鼻口，和照片中的少年天差地別。

接過一些「太慢」發現的大體，身體都腫脹發黑了，科學說法是，大體已進入自溶腐敗的階段。這類的大體也不太能清理，不怎麼出力的碰觸就有可能讓皮膚剝落。更換壽衣時，背部布滿水泡，我們盡可能小心穿上壽衣，化妝時，把發黑的臉盡量恢復肉色。只是那張發腫的臉，家屬也認不出了吧，這樣的最後一面要看嗎？多數家屬還是堅持瞻仰遺容，入殮室瀰漫著屍臭味，家屬掩著口鼻進來，繞著大體一圈馬上出去，這樣的最後一面價值在哪？

一樣生，百樣死，面對變化差異較大的大體，以我來說，我會和家屬溝通是否仍要見最後一面；只是習俗上都該看，許多家屬也會覺得沒見到最後一面放不下。但看見了變化到「不認識」的大體，能和過去樣貌聯想起來，還是只是徒增遺憾？若死者地下有知，他真會希望親人看見這樣的自己？以我禮儀師的想法，**在腦中、在照片裡，都是美好的，讓這個美好持續下去，讓這美好不被最後一面破壞。**

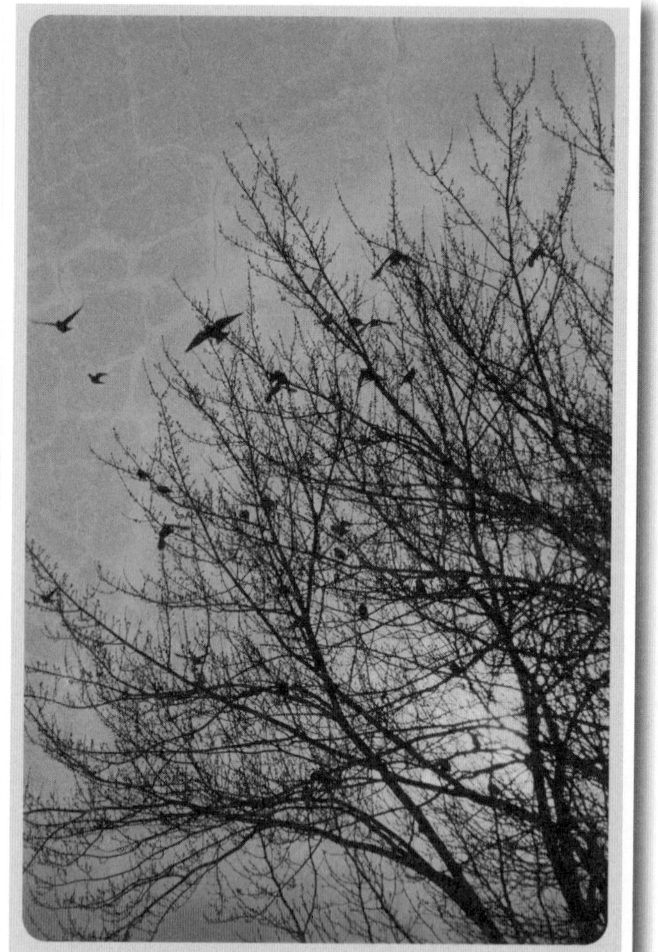

15 人情冷暖令人寒心

我忍不住問她：「大姐，妳以後有打算出來選里長嗎？」

她直搖頭說自己沒辦法。

知道想法後，我開始分析給家屬聽：「大姐，有些事情妳一定要取捨；如果你們以後有打算走政治，一些人脈關係要透過您先生延續。但你們沒想走這路線了；政治很現實，錢也很現實……一般來說，我們的布置都夠了，可是若要加大棚架場地等，也是會有延伸費用的。把錢花在刀口上，省著點花，尤其沒必要聽別人出意見，然後妳來花錢，對吧？」

喪禮的功能在：盡哀、報恩、教孝、養生送死有節、人際關係整合。尤其在人際關係方面，喪事期間親戚前來奠拜，可讓整個家屬親族重新凝聚，朋友間關係也可重新認識延續。只是人是現實的，特別在殯葬業中，人情冷暖表露無遺；畢竟人在人情在，一些現實的關係在往生者離去後，還有必要再延續嗎？有心的朋友就會前來慰問，無心者就剛好畫個句點。

里長官不算大，卻是各政黨爭相搶奪的樁腳。聽家屬說，過去每天家中都是人來人往；藍綠等政治人士、附近里民一些長輩、還有許多朋友，泡茶的瓦斯爐火整天幾乎沒停過。逢年過節更誇張，成堆禮盒吃用不完。只是當了幾次里長，後來落選，那時開始，家中來去的人少了點，但仍有好友長輩前來，不斷呼籲一定要東山再起。再一次選舉，竟然又落選；許多人覺得這位前里長似乎失了勢，而他也生了場病，沒多久後往生。

初接這工作，正當安置處理大體時，外頭一個腳步蹣跚的長輩緩緩走來。一走近我，長輩馬上伸出手要我引導他入座。原來這長輩視力也不太行了。他就靜靜地坐在位置上，到整個前置作業妥當，開始和家屬協調後續等事宜，長輩才開口：「唉，沒幾歲呀，怎麼那麼早就走了，前幾天還在聊著下次選舉要再拚看看，一定要選中。」護喪妻告訴我，這位算是里上的「總管」，以前里上有什麼爭執，要排解時都是他出面處理的，大家都很敬重他。

我持續和妻子協調後續事宜。講到訃聞時，這位長輩開口：「大家聽到這消息都很難過，都想幫點忙，我們準備成立治喪委員會。」簡單帶過這問題後，長輩又對著遺孀說道：「告別式場地大小排場什麼的要注意，當天來的人會很多；很多藍綠的長官貴賓都會來，場面別太難看。」

政治和人際關係一樣現實，連兩次落選的前里長，現在人又過世，而我和他妻子講話的感覺，既沒有八面玲瓏，耳根子軟又沒什麼主見。見此情況，我忍不住問她：「大姐，妳以後有打算出來選里長嗎？」

她直搖頭說著自己沒辦法，我又問：「那兒子呢？有打算走政治路線嗎？」妻子也否認。

知道想法後，我開始分析給家屬聽：「大姐，有些事情妳一定要取捨；如果你們以後有打算走政治，一些人脈關係要透過您先生延續，但你們沒想走這路線了；政治很現實，錢也很現實，如果要印大本的訃告是要加錢的，告別式的場面也一樣。一般來說，我們的布置都夠了，可是若要加大棚架場地等，也是會有延伸費用的。把錢花在刀口上，省著點花，尤其沒必要聽別人出意見，然後妳來花錢，對吧？」

她聽完我的話，眼睛左左右右地拿不定主意。再三和她溝通，把場面搞大、把排場做出來，這些都是做給別人看的；親戚沒多少人的情況下，萬一場地太空太冷清也不好看。而且來參加公祭的來賓，大都在外頭講話聊天，唱到名時才進到禮堂祭拜，不用費心留一堆位置。

苦口婆心地勸著護喪妻，只是她仍是拿不定主意，一直擔心有人會說話；特別是那長輩常來家裡坐，怕那長輩不高興。護喪妻執意要印製訃告，我也直接提出印訃告需要的資料：

一、治喪委員會名單

二、有沒有要放照片，黑白或彩色

三、開頭有沒有要題字，要找誰題

四、裡頭除了家屬名單外，生平事略這些要由誰來擬

五、還有沒有其他要加入的內容

她聽我講完，滿臉驚訝，大概是沒想過印個訃告要這麼多東西吧。那長輩開口：「那不是你們公司要處理的嗎！」

「阿伯，照片一定是家屬提供的呀，題字落款人也是要家屬熟識的人，還有治喪委員會的名單也要家屬提供；特別是生平事略，最好是找熟識他的朋友，這樣才能論細地寫出來。」

護喪妻問了長輩是否能幫忙，長輩回答著眼睛不好了，半推半就下，他才承諾找人幫忙。

看著這長輩的反應，很直接就知道他僅是里中出出嘴的，真要做事，可能也沒辦法。果然從長輩承諾的那天起，遲遲等不到生平事略，也委請護喪妻向他催促；只是這長輩依舊每天來坐，但就是交不出東西。到了第四天，才知道他也不是沒做事，而是拜託了許多人，但大家都只是口頭敷衍一下。這也是現實，長輩過去的風光對比今日有了年紀，眼睛身體都不便，大家看到他，當然捧捧他讓他心裡高興，但事情來時，都只是虛應一應故事。

最後訃告印不成，還是使用基本的二折式訃聞；禮堂也依家屬要求擴大及擺滿椅子，輓聯數量倒是不少，但都是一些去要就會有的。

隔天的家公祭，除了家屬外，場地真的大了點；公祭團體也不多，只有幾個議員委員的助理前來。

司儀再三請外頭公祭團體入內，但這也只是禮貌上的。我們都知道他們不會進來，一定是在外聊天，只是基於工作職責，我們仍必須邀請。僅僅六張公祭單，加上朋友拈香，不到二十分鐘公祭便結束。這時間大約就是一般家屬公祭時間，並未因前里長身分而讓公祭團體增加。

禮儀師在服務的過程中，憑著和家屬間的互動、現場花籃鑼頭搭數量人名，以及平時在家屬家裡走動的人員，就可推斷出告別式時的場面。

許多家屬怕場面冷清，透過一堆關係要了一堆輓聯，然後公祭時來了一堆議員委員助理，有意義嗎？多數不過是職業公祭團。**這些職業公祭團也不清楚往生者是誰，反正上頭交代他們就來了，上個香，發發名片，然後走人，對家屬或往生者來說，其實意義真的不大。**

落選的里長加上失勢的長輩，過去的一切蓋棺論定時，才真正發現人情的冷暖。

用心規劃，一場最美好的道別

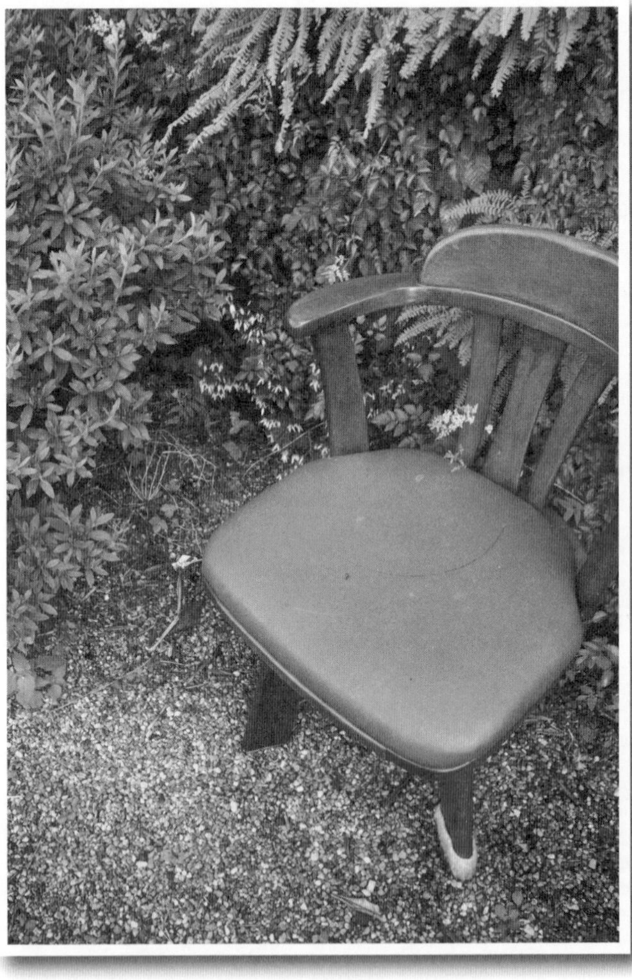

16 往生者才是喪禮的主角

「莊嚴」二字其實和「圓滿」一樣虛。雖然喪事總把這幾個字掛在嘴上，只是何謂莊嚴？

莊不莊嚴這問題在現實中沒這麼複雜，有佛像，愈大愈莊嚴，就這麼簡單。

杖期夫長年參與助念，應該看過不少喪事，我為了減少「莊嚴」的誤差性，直接秀出靈堂照片。杖期夫看了看：「這個好，你們布置的三寶佛很大！」

「而且是立體的。」我接著補充。

棺木很可怕？

不就幾片木板釘成個箱子，又避諱地把棺木名為「大壽」、「壽材」、「大厝」等。也有人把棺木製成迷你尺寸，可以放置印章或招財錢幣之裝飾品。

雖說「見棺發財」，但想到真正的棺材裡頭躺著大體，似乎整個感覺就是不對。古代喪事初終（人剛往生時）時拜大體，入殮後奠拜棺木；也不知從何時開始，見了棺木說會見刺，也就是直接看到棺木不好，因此現代喪事中，都會用布幔或棺圍把棺木圍住，這樣親友至靈堂上香時，僅僅看到靈堂照片，不會直接看到棺木。

「禮儀師，呃，你可以幫我把花……拿到棺木旁邊嗎？送的人特別交代的。」送花的小伙子向我這樣要求著。

這間花店很少做殯葬用花，他們專門進口一些進口花材，透過插花老師把這些特殊且稀有的花，搭配上頗具質感的特殊花器。說真的，看習慣多數殯葬插花之後，再見到他們的花，有種脫俗的感覺。只是小小一盆花，價格硬是別人好幾倍，而今天送來的是大大一盆，但送的人交代不要放在顯眼處，一定要擺放在棺木旁、最靠近她的地方，害得送花小朋友不敢靠近。

幫小伙子搬了花，把他拉到一邊好奇地問：「你們插這盆花要多少呀。」「呃……」小伙子支支吾吾回應著我。大多數花店會交代工作人員別去談到價格，只是搬花之恩不可忘，追問之下要萬元左右。這樣的大小，若用一般殯葬的花材及插法，三千，最多不超過五千元吧；但質感真的很棒，沒幾樣花材我認得出來，而且送花者完全不署名落款。

往生者的她不到五十歲，靈堂上照片笑得很燦爛，是生活照截取出來的，刻意保留了背景的花花草草。當初選照片時，和家屬溝通這張生活照感覺很好，她笑的樣子不似一般大頭照的微笑，不要刻意去背，這樣搭上她的笑比較好看。

女兒同意了這看法，但杖期夫（注）有了意見；他覺得放大照就是要

注：杖，指喪禮中所執的喪棒。期唸「基」，指一年的服喪期。一般來說，妻子過世，若夫家公婆仍健在則稱先生為「不杖期夫」，若夫之父母已過世則稱先生為「杖期夫」。簡單記法可說長輩仍在時，先生仍要照顧長輩不能太過悲傷，因此不可難過到拿著拐杖。

身分證上那種大頭照，固定背景及按規定的妝扮，感覺比較莊嚴，師兄師姐才會覺得整場喪禮很莊嚴圓滿。

剛接工作時，初次來到家屬這裡，現場滿滿的師兄師姐正有條不紊地助念，杖期夫也在其中，和我說的第一句話是：「你們的東西莊不莊嚴？」

「莊嚴」二字其實很抽象。雖然喪事總把這兩個字掛在嘴上，只是何謂莊嚴？花山花海的造型要樸素或大氣？光線要多角度投射還是間接光源？靈堂上方物品極簡風格或是插滿鮮花？莊不莊嚴這問題在現實中沒這麼複雜，有佛像，愈大愈莊嚴，就這麼簡單。

杖期夫長年參與助念，應該看過不少喪事，我為了減少「莊嚴」的誤差性，直接秀出靈堂照片。杖期夫看了看：「這個好，你們布置的三寶佛很大！」

「而且是立體的。」我接著補充。

喪禮大多是做給別人看的，杖期夫把這觀念發揮得淋漓盡致，整場喪事的任何溝通協調，就落在那幾個字「莊不莊嚴？」

以家屬的立場來說，其實怕別人說話很正常，特別是杖期夫長期助念下，當中的師兄師姐多少也一定這邊看看那邊比較，只是當我問到杖期夫：「那您夫人要穿什麼顏色的壽衣？」「要不要幫她化些淡妝？」「她有沒有特別喜愛的東西可以放進棺木的？」杖期夫總是回問我：「這樣莊嚴嗎？」

這些問題大多是主觀的，什麼壽衣適合她？平常她化怎樣的妝？她喜歡什麼？這些都是最親近的家人朋友才會知道的。我試著引導他到「您夫人的喜惡才是最重要時」，杖期夫卻回答我，他會詢問其他師兄的意見。

一萬塊的花送達時，杖期夫正指導著靈堂鮮花擺放順序；是要依花的樣式色彩分別擺設，還是要依落款人親疏遠近，又或是依落款人筆劃順序。禮儀師這麼多年來，最常建議家屬依花的樣式做調整；原因很簡單，在一堆大小花色樣式全不同的狀況下，怎麼擺最「好看」就那麼放置。對於多數送花者來說，只要花有擺放出現即可，位置不是那麼重要，可是杖期夫覺得該依落款人名關係做調整。人際的親疏遠近往往難以拿捏，每個名字都讓他左思右想，有時放這又改，放那又換。

當一萬元的花進來，我沒問杖期夫該放哪，直接搬進停棺布幔處，邊搬邊回答表情訝異的杖棋夫：「這花不知誰送的，沒落款，但花店說送的人有交代，一定要放到棺木旁最靠近太太的地方。」

「但這樣來的師兄師姐就看不到了呀！」

聽杖期夫說了這句，我無來由地一股氣上來反駁著：「人家送花的就不是想給人看，才交代要放在那麼不顯眼的地方；不寫誰送的就是要低調，就是要讓您太太享受專屬的花，別辜負送花人的好意。」

「這花這麼好看，一定要讓師兄師姐看。」杖期夫執著地回應。

隔天，一萬元的花被搬離「專屬於她」的地方，放在靈堂外頭最顯眼處，只要人進人出，第一眼便注意到的地方。

喪禮重視的就是往生者和家屬間的感覺，再擴大來說就是往生者和所有追思者的感覺；這些感覺有時就只是一個點，能達成這個點，喪禮也就圓滿。把花送到最靠近她的地方，就是送花者和她的感覺；把花移到靈堂外最顯眼的地方，是杖期夫和別人的感覺。很難去說誰對誰錯，反正圓滿兩字本來就很虛空，一場喪事結束，大家即稱為圓滿，但何謂真的圓滿？

如果我是杖期夫，把這麼美的花擺出來，很有面子吧，一定很圓滿。

如果我是師兄師姐，看到這麼有質感的花，一定稱讚杖期夫：「哇，整場喪事好圓滿！」

如果我是那位笑容燦爛的往生者呢？

人生最後的告別，該收拾起笑容讓別人覺得莊嚴嗎？還是自私地獲得屬於自己的圓滿？

喪禮圓滿與否沒有一定的準則，對錯只是角度的問題，這麼多的角度該用誰的做基準？

做禮儀師這些年來，常常看著往生者照片，思考著照片裡是怎麼樣的人？如果他有發言權會想怎麼做？問題的答案，家屬應比我更瞭解——**讓往生者成為喪禮的主角就是圓滿！**

17 請讓「他」完好順利地離開

八小時後，和接體車在喪家外頭等候，裡頭傳來師姐震撼的聲音：「我們每天幫人助念，都感覺得出你父親罪孽深重；他現在也好痛苦，冤親債主纏著他不放。這樣不行，只有八小時太短了，最好再多唸四小時，這樣對他最好！」接著女兒知道我們到了，出來說：「不好意思，妹妹跟他們很熟，而且妹妹……堅持再唸下去！」

「沒關係，注意大體變化就好！」我再次叮嚀。

遺體的變化可用科學角度來看：依遺體年齡、身材胖瘦及死亡原因，以及遺體存在環境溫度溼度，從屍僵、屍斑、自溶等早期遺體現象，到腐敗、巨人觀、白骨化等晚期現象，所有的現象都有著科學數據。在國外有一個屍體農場（Body Farm），在農場中測試各種狀況下屍體變化的時間；水裡、沼澤、太陽直射、有外物覆蓋、塑膠袋包裹等各種狀況，以及各種蛆蠅蟲的出現時間，詳細記載各項數據，這些資料能供法醫等鑑識科學使用。

一般葬儀社不可能詳細地觀察、記錄數據。但剛踏入這行時，老前輩教我們「死人三天內都可以看」。簡單講，大體雖因臟器敗壞、注射藥物等原因加速或延遲變化，但這些變化在三日內，家屬應該都能辨識出是否為親人。當然，指的是正常衰老死亡或病死，若是野外陽光下，大體十日內即可能呈現「白骨」；只不過前輩雖然講三日內都可以看，但那時的味道實在不好受。

隨著「助念」觀念興起，許多家屬會要求人往生後八小時，家人能在一旁唸誦「阿彌陀佛」。這觀念起源於認為人往生後八小時內仍有聽覺，若能持續唸誦阿彌陀佛，能讓往生者一心不亂，前往阿彌陀佛宏願下的彌陀淨土。

其實助念時只要家人在一旁即可。但家屬常因家中人數少，或是擔心自己做不好，所以有些會特別請「助念團體」來協助助念。只是助念中，遺體仍持續在變化；一般來說，八小時內不會有什麼問題，不過，那只是「一般來說」。

某次，電話中知道家屬已找了助念團體，現場看到那團體，心中馬上有了警惕。

殯葬的世界不大，常常都會遇到同一批人。大多數的助念團都是好的，他們來幫忙家屬最多要杯水喝，不收取任何費用。但有些居心叵測的團體混雜其中，另有目的，眼前看到就是其一。他們會利用助念這段時間，不斷鼓吹自己做得多好；有些耳根子軟的家屬經過一連串洗腦後，覺得他們助念得盡心盡力，最後助念團搖身一變，成了禮儀公司，接手工作。

每個禮儀師遇到這類別有居心的團體，做法都不同；有些會提醒暗示家屬，有些會當面拆穿對方目的，有些禮儀師甚至會留下來共同助念、順便監督對方。只是在對方尚未表態前，家屬看到的，都是一位位講話溫文有禮、發願前來的師兄師姐。

既然大概知道對方手段，和家屬確認助念時間及接送大體細節的同時，還是告知他們：「能幫老人家助念很好，不過，你們稍微注意一下大體，畢竟每個狀況不一樣。如果有什麼太大的變化，是否仍要堅持八個鐘頭呢？請提早通知我，讓我知道。」

八小時後，和接體車在喪家外頭等候，裡頭傳來師姐震撼的聲音：「我們每天幫人助念，都感覺得出你父親罪孽深重；他現在也好痛苦，冤親債主纏著他不放。這樣不行，只有八小時太短了，最好再多唸四小時，這樣對他最好！」

女兒知道我們到了，出來說：「不好意思，妹妹跟他們很熟，而且妹妹……堅持再唸下去！」

「沒關係，注意大體變化就好！」我再次叮嚀。

三小時後再到喪家時，直接進到屋內，當然整個動作以避免發出太大聲音為原則，一來不妨害助念，二來更避免落人口舌。這時看到師姐又在跟妹妹說話，一見我出現，眼睛炯炯有神、瞪得好大，聲音隨之上揚：「經書上都有記載，佛祖都有說，助念對他是最好的，一些累世淵源都可以透過助念來改變。我們上次幫一個大體助念了一天，本來大體面露凶光、面目猙獰，整個皮膚都黑的，我們助念完後，他眼睛竟然閉了起來，連臉色也紅潤了。家屬都覺得好有福報，好謝謝我們。換衣服時葬儀社還一直說，好神奇哦，身體怎麼那麼軟，換衣服好好換。最重要的——」師姐嚥了嚥口水，接著說：「我們不喜歡說什麼神通這些的啦，但一個有在修持的師兄在場，他說看到那往生者的大體在發光耶！」

我很想拿個鏡子過去給師姐，讓她知道當下什麼叫面目猙獰。身為禮儀師，當然也知道當前「助念」對佛教信眾的重要性，但主辦一場喪事，有時要考量的絕對不只是宗教的規範而已。

這時，妹妹走了過來：「我們還要再持續唸！」說完便掉頭離去。順著妹妹背影看去，師姐一副勝利姿態，得意得單邊嘴角微微上揚，只差沒比勝利手勢。

和一些殯葬同行常開玩笑，對一場喪事來說，最不執著的便是禮儀師了；對一個合格的禮儀師來說，佛教道教基督天主，甚至一貫日蓮創價等等，各宗教是平等的，我們都尊重。我們也都瞭解每個宗教的喪事儀軌，只是許多家屬寧願相信一些非專業人士，甚至受一些不肖業者影響，認為葬儀社就是來賺錢騙人的，對於用心於殯葬業的工作者來說，實在是很大的傷害。

客觀地說，一個家庭有了喪事，我們提供專業服務，依家屬要的宗教流程進行，然後家屬給付對等的費用。禮儀師和家屬無冤無仇，基於做好自己工作的立場，相信沒有禮儀師會故意把事情做壞，或去陷害破壞家屬及往生者。

知道家屬還要再助念下去時，最擔心的還是大體；許多的變化是人算不如天算，只是又能如何，和接體車再次無功而回。

快回到公司時，家屬來了電話：「禮儀師，請你們趕快過來，父親血水一直從嘴巴鼻子溢出。」

再次趕回家屬那，聽說助念團被「請」走，是妹妹「請」的。

有次和一位非殯葬業的朋友聊到此事，他好奇地問：「家屬都不會想嗎？一塊肉放著都會臭掉，難道往生者大體不會嗎？應該很好理解吧。」

只是這樣的案例仍是層出不窮，許多家屬仍舊在大體變化和助念時數上競賽，一旦賭輸，家屬將要面對的卻是變樣的大體，試問：這樣的賭注值得嗎？

一直認為禮儀師有保護大體的責任，不管任何宗教，總希望親人的最後一面是美好的。

讓大體完好，是家屬最好的禮物！

18 化個美美的妝

化妝時，叫實習生進入化妝室後，我便在外頭和家屬說話，等到時間差不多，進入一看——妝容真的……太濃而且太差，眼影加腮紅既不搭又下手太重，一整個就是慘。因為接著有下面的流程要走，也沒時間卸妝重化。先生進到化妝室，看到大體後眼神露出訝異的表情，口頭僅小聲地「嗯」了一聲。

「你要跟她講話哦，她是有點不方便啦，但也可以啦，只是……她現在是骨灰耶！」

前不見古人，後不見來者的一句話真實發生。感覺得出老公是個豪爽的人；說這話時，已完成整個喪禮，正在前往塔位。我在前頭開著車，聽到這話忍不住皺眉傻眼，差點笑了出來。

殯葬業常會覺得冥冥中，是否一切早有定數？那陣子接件感覺很差，不是案件內容好壞，而是每個案件的往生者，都在四十歲左右，連續好幾位；若是七八十歲接近天年，至少還覺得正常，但正值壯年的案子接二連三地來，心中還真會怪怪的。

同事間接到接體電話時，總會多問句「幾歲？」而我接的這個大體不到四十歲；女性，乳癌病逝，頭髮因為化療的關係掉得差不多，留下老公及兩個還在讀幼稚園的小朋友。

先生問了哪些場合要帶小朋友來。對什麼都不懂的小朋友來說，在殯儀館這陌生環境裡哭、鬧或是無聊嘻笑，對整個喪禮都沒什麼正面幫助。

這年齡的小朋友對「死亡」兩個字是模糊的，簡單幾句「媽媽去天國囉」，就可以讓他們覺得媽媽是去玩。小朋友每天的生活都在搜尋新鮮事，媽咪不見似乎不比找不到玩具來得重要，或許多年後懂事了才發現有媽的孩子像個寶，至於當下母親死亡這事，不是兩個小朋友該煩惱的。

中年喪偶是種痛，感情豐富的人光是聽到還有兩個稚子、先生要獨立面對這些事便心酸了。但這先生一派輕鬆，一些喪禮規劃等相關細節，他從沒太多的意見。流程怎麼安排、可以有什麼選擇，他總是理智地處理所有事情，沒什麼情緒上的字眼，簡單到像在超市賣場買東西一樣；偶爾有問題時也能依著我們建議做出決定，甚至和我邊談著細節，邊聊著禮儀師這工作的感想心得，就像聊天，不像辦喪事。

理智的家屬很多，但像這樣「從容」的卻不多，甚至多少會讓人懷疑起他們夫妻的感情，是不是因為久病而消磨掉了。

相信多數人都有此想法：在剛知道親人生病時，人們總想著傾家蕩產也要治好他，堅持下去病就會好，開始了種種治療住院的程序。

日子一天一天過，病不見起色，痛卻與日俱增。家中每個人生活作息亂了，毅力成了種口號，現實的折磨動搖最初想法，轉機同等於奇蹟，開始默默想到死亡和解脫。是該再嘗試治療，還是轉往安寧病房？是否該放棄急救？怎麼樣對大家都好？一切似乎走向一個定論，也等著那天來臨。

這位先生就是這樣吧。醫院照顧妻子，回頭還要照顧什麼都不懂的孩子，蠟燭兩頭燒，病人家屬的毅力同時在減少。某天醫生說：「有沒有什麼準備？」能有什麼準備，累了……也認了，就這樣吧，對誰都好。

過世之後，後事是必經的過程，也是一個句點，該做什麼就做吧。先生或多或少給了我這種感覺。

在和先生閒話家常時，他突然問了這句：「你們會幫她化妝嗎？」

「會呀！」我的回答卻帶著點心虛。當家屬這樣問時，表示著他很重視，而化妝是種很主觀的感覺，專業美容師化的不代表是往生者生前習慣的妝扮，更別說是家屬又各有自己的美感，一切都是習慣和自由心證。這案件發生距今也近十年，那時在南部，其實不太習慣化妝。

我記得多年以前，外公過世在北部，那時尚未踏入這行，整個喪禮的印象只有認不出外公，以及家奠時司儀唸了一堆聽不懂的四言祭文。

外公是受日本教育的，過去就是那種穿著襯衫吊帶褲，手裡還拿著懷錶的人。但躺在那兒的他，穿著傳統的長袍馬褂，臉上是濃得不能再濃的妝。是他嗎？不習慣也無法接受，完全不能把躺在那裡的，和過去認識的外公合而為一，但又能如何？

如今，自己做了禮儀師，看似什麼都不在乎的先生只對化妝有特別的要求，現階段的工作人員可以勝任嗎？老一輩的工作人員會的就那些，況且過去南部講求的是自然模樣，硬要他們化妝，我心中真的沒什麼把握。

「不行，一定要有備案！」我這樣告訴自己。

那時公司正好有實習生，唸的是殯葬相關科系——生死學，多是討論一些生命倫理、宗教哲理、生死教育等學術內容。雖然也有關殯葬管理，但涵蓋部分不多，更不用說這些實習生有學過化妝了。不過我想，反正都是女生嘛，應該都會化，就用這樣的理由去拜託一位女實習生。

要求實習生下去化，看起來就像要搶這些資深工作人員的工作。不過，我還是決定以能達到家屬要求為最高原則，我再三和實習生強調：

「化妝時妳別管工作人員說什麼，就是妳下去化！」

化妝時，叫實習生進入化妝室後，我便在外頭和家屬說話。等到時間差不多，進入一看——妝容真的……太濃而且太差，眼影加腮紅既不搭又下手太重，一整個就是慘。因為接著有下面的流程要走，也沒時間卸妝重化。先生進到化妝室，看到大體後眼神露出訝異的表情，口頭僅小聲地「嗯」了一聲。

「為什麼不是妳化？」我轉頭問實習生。

「他們就把工作搶過去呀！」實習生回答。

「我就是知道，才千交代萬交代別讓工作人員化呀！妳有看到她先生的表情吧？」

「嗯……」

「那妳覺得她老公滿意嗎？」

「不滿意！」實習生小聲地回應。

看到先生的反應，不禁又想到自己看到外公大體時，那種「怎麼這個樣子」的感受。我和往生者的老公說：「我知道你不滿意，等會兒我們會再幫她卸妝重化……」

話沒講完，先生馬上打斷：「別化得太……」

「我知道，我們會化淡妝。」我馬上接著說。

家奠公奠期間，我和實習生在靈堂後頭幫她卸妝，整個重新化過。

瞻仰遺容時，先生走了過來，再度露出訝異的表情，但這次眼中是帶著淚光的，語氣肯定地對了我們說了聲：「謝謝！」

「很有成就感吧！」我和實習生開心地笑了。

好的禮儀師不會任何事都輕鬆地承諾家屬。殯葬執行的不確定因素太多，承諾的事跟家屬認知也常有差異；**對家屬來說，盡可能把心中想要的陳述出來；對禮儀師來說，則必須瞭解家屬需要、認清廠商能力，盡量減少家屬和禮儀師敘述間的誤差。**

這些事聽來簡單，真要執行卻又困難重重。如果禮儀師總是輕鬆地承諾事情，輕諾必寡信，那只是敷衍罷了。

當然，適度隱藏問題能讓家屬安心，家屬所有想法也不見得皆能實現，但對於可能發生的問題，禮儀師注意到什麼？提醒了家屬什麼？溝通和協調，是完成整個喪事的不二法門！

19 別讓葬禮變競選舞台

幾句感謝的話後，整場告別式的重頭戲來了——子女放下麥克風，忍不住情緒地痛哭，當大家都為之動容時，子女再次提起麥克風，聲嘶力竭地喊道：「感謝大家對父親的這份心意，今後也希望各位長官貴賓能多多照顧我們。百日的時候，也是我要選舉時，請大家一定要支持我！謝謝大家！」

剛入這行時，某天聽到學長接了個大案子；一個地方上赫赫有名的政治世家，而今晚要去黨部治喪協調會。

對新人來說，這是千載難逢的學習機會，可以看看大案件是怎麼運作的、會議上該怎麼去協調。於是也顧不得晚上寶貴的下班時間。打了卡，下了班，跟著學長到了黨部。

剛踏進會議室就看到好大的陣仗，現場四、五十人圍著會議桌而坐，最前排是好幾位常在電視出現的政治人物。

首先會議的主持人禮貌性招呼過現場長官後，說：「今天各位都是有心來協助老先生的出殯事宜，等會兒有什麼建議，請各位長官貴賓多費點心，讓整場喪禮圓滿進行……」

引言完就家公祭場地做討論。某委員直接提出可到市立殯儀館，場地夠大，設備也適當，只是話一說完，一位與會人員開口：「我和老先生認識幾十年了，他就像我的老兄弟、老知己，我最瞭解他的想法；在這邊出生，這邊長大，他對這裡的感情太深、太深。」說到這裡，他低下頭來，推了推眼鏡，拭過淚後接著說：「只有在這個地方出殯，才可以讓老先生瞑目。」說完，聲音竟嗚咽起來。

如果他離我近點，應該可分出是真哭還是假哭吧。

就這個議題，有人附議殯儀館，但更多人決議直接在當地。眼角一瞄，剛剛提議殯儀館的委員，和隔壁交頭接耳後，起身悄悄離去。

就舒適度來說，當然是殯儀館好，有固定的禮廳座位，有冷氣空調，更有停車場及既定動線。

但就「生意」角度來說，在喪宅要多搭設棚架布置，要埋管線裝冷氣，要擺設椅子椅套，要有更多的服務人員引導。

簡言之，在喪宅舉行家公祭可以有更多的「好處」，既得利益者當然選擇自宅。

離去的委員或許做了整場最明智的決定。那時我還是新人，會議裡頭除了電視看過的官員外，都不知與會人員是何方神聖。但他們發言後，才知道大多是殯葬相關行業或能從中得到利益者，有花店、司儀、道士……每項工作都不只一人爭取，大家直接角力鬥爭。

有位司儀直接叫助理發給現場每人程序表，似乎先發先贏，讓大家覺得工作已經是他承接的；也有人委婉地批評著同行不適任。

整個場面彷彿把獵物丟進海裡，鯊魚蜂擁而至，大口小口地分食著；有些狠角色一起身發言，馬上稱呼著老先生兄弟知己，開始說著很久很久以前，老先生就把所有事交予他，所以當然是他負責。

老先生生前似乎常「不小心」把同樣的工作交給好幾位。反正死無對證的「交代」一下，使得當下言語拉扯、劍拔弩張地宣示主權。運作的重點就在「先搶先贏，其他事後再喬」。那委員果然老江湖，幾句話後便清楚自己的立場，然後速速離去。

你爭我奪的分贓大會也漸入尾聲，在這些鯊魚眼中的最大默契，就是我們公司只是局外人。好在我們早到，不然應該連位子都會被收掉吧。就像動物頻道裡的猛獸撕碎獵物，我們連肉屑也沒得撿。主持人眼光從未落在我們身上，更別說有發言的機會，就這樣沉默到最後。

流程中，主持人請老先生子女說幾句話，子女起身說道：「感謝在場這麼多父親生前的好友，看到大家能來這裡幫忙，讓我們有信心能依爸爸的心願，圓滿無遺憾地送爸爸最後這一程……」

幾句感謝的話後，整場告別式的重頭戲來了——

子女放下麥克風，忍不住情緒地痛哭，當大家都為之動容時，子女再次提起麥克風，聲嘶力竭地喊道：「感謝大家對父親的這份心意，今後也希望各位長官貴賓能多多照顧我們。百日的時候，也是我要選舉時，請大家一定要支持我！謝謝大家！」

殯葬學問大，看著這些殯葬前輩在會議中表演，令人折服；怎樣周旋在各方人馬間、何時該攻擊同行、何時該借力使力、何時該痛哭失聲……彷彿看到一位位活教材。

是，但官大，學問更大，怎麼在父喪之時，利用每個場合環境為自己爭取票源，謀取最大利益，當時還是新人的我獲益良多。

出殯家公祭當天，特別排了假，就是想看看這樣東拼西湊的喪禮會變成怎樣。

這麼多各自為政的人員，加上各方的勢力，要怎麼去整合，絕對是個問題。

告別式的現場很亂，很明顯地看出甲做甲的，乙做乙的；人員接待及引導無人統一調度，常常這頭亂得需要服務人員時，他們卻集中在另一頭。

特別是來了一堆陣頭，什麼舞龍舞獅、白虎陣、孝女白琴、大鼓陣等等，能想到的都來了。

這些陣頭要的就是場面。為了表演先後，大家喬來喬去，誰也不肯讓誰，大家秉持著「輸人不輸陣」的原則下表現自己。

家祭時，一堆老朋友親如兄弟，所以大家都想發言，又大家都不能得罪。

就這樣，光是家祭便拖了快二小時，政商名流的公祭又拖了快三小時；聽說公祭結束後，家屬還要繞著這區域走個一圈。算一算，到上車處還要走一個半小時吧，反正我和同事坐在一旁飲料店喝著涼水吹著冷氣，邊聊天邊看著這場戲。

一個助理走了過來，遞給我們文宣，跟我們強調著要支持那位候選人，要記得去投票……

是新人時，覺得殯葬很難，一些禮儀習俗之外，還要把流程細節安排妥當，讓整場喪禮順利運行。一直以為做好這些就是優秀的禮儀師。漸漸地，這些做法都熟悉了，才發現這些只是做事，要怎麼經營事業才是大學問；**怎麼在業者彼此之間的競爭中殺出血路，又怎麼在不擇手段後笑臉相迎。手段的運用與進退取捨才是重點。**

只是，做事、經營事業的學問，遠遠比不上做人的道理。看著一位政治人物當選，不難想像為什麼他能成功；痛失親人的同時仍要維持自己的思緒，仍要計劃盤算後頭的每一步，這些對我，太難了！

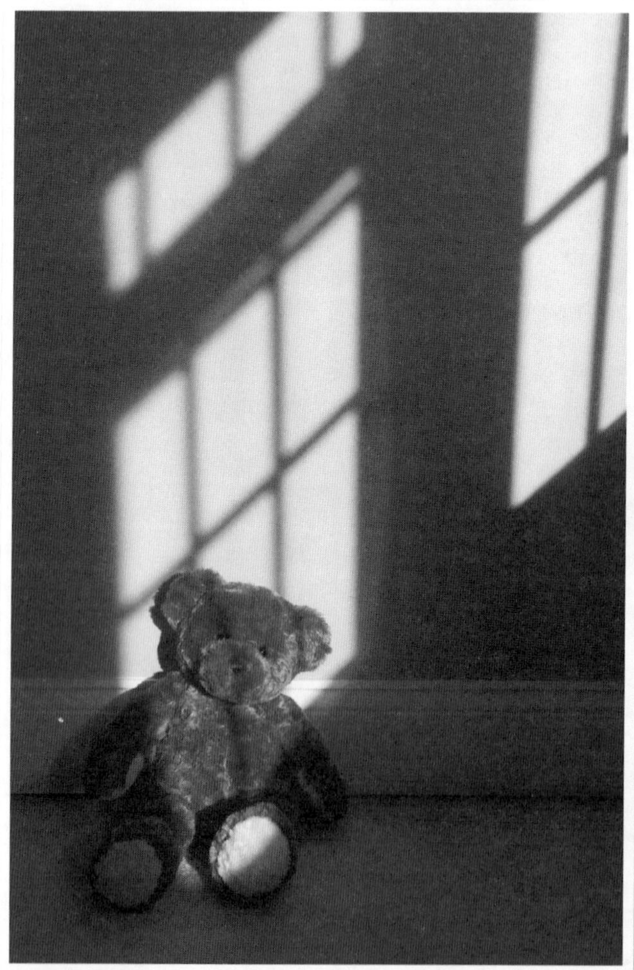

20 不花大錢也能有專屬的感動

聽著小女生的故事，我暗自思索這場喪禮該怎麼辦？簡單地送出門，就像夭折的小孩一樣？還是能有更好的做法？家屬沒什麼特別想法——但其實一般家屬對喪禮都不會有特別想法的；一輩子遇不到幾次的喪禮，沒幾個家屬知道它能有更多的變化。我認為，就現有的布置對小女生來說，傳統花山花海一點都不適合，太過「正式」及「老氣」，針對小朋友的布置，整個「畫面」應該更活潑、顏色更鮮麗。

鑰匙（要死）掉了怎麼辦？

就撿起來呀！

小時候都聽過的笑話，那問題若是「沒了呼吸怎麼辦？」殯葬業務的答案一定與眾不同：趕快撥電話給禮儀師！「禮儀師，沒呼吸了你快點來呀！」

「沒呼吸？那就快叫救護車呀！」泰山壓頂面不改色的禮儀師冷靜答著。

有個寓言是這樣說的：鱔魚長得像蛇，蠶長得像蟲，人們看到蛇跟蟲嚇得要死，卻敢用手抓鱔魚和蠶，因為有利益跟好處呀！

職務不同，看待事物的角度也不同，大家害怕災難意外，但記者一聽馬上驅車前往；大家聽到沒呼吸心跳，趕緊叫救護車救人，但殯葬業務聽到卻是叫禮儀師快來接體。死人大家都怕，但角度不同，因為有利益好處呀！

人送到醫院後又過了數小時，急救仍無效果，確定往生。我和接體車在醫院外頭，等待著冗長的太平間手續。

確定我們能進太平間接出大體時，見到的是病床上稚嫩的臉龐，配上不成比例的扭曲身形。一位十一歲的小女生，先天性肌肉萎縮，據說有的患者能達到正常壽命，但有些在症狀過快的發展下，造成肌肉無力、呼吸衰竭。

十一歲在做什麼？在學校聽著老師講課，上課時和同學偷偷講話被罵，下課後補習回家，不然就找同學朋友……簡單快樂的童年，卻是小女生無法享有的。

肌肉萎縮目前尚無治療辦法，小女生這場不會好的病，就像一個不被期待的生命，有時會覺得既然知道結果，是否能提早結束；減少共同回憶也是減少傷痛，讓一切回到「沒有她」的正常。當中遇到幾次呼吸衰竭，只是這次畫下句點。家中還有爺爺奶奶及父母，依習俗來說不適合回家，但還是請救護車繞過家中，讓爺爺奶奶再次看看小孫女。家屬等待的日子終於到來，沒太多的眼淚，但終究紅了眼眶。

在以前小孩往生叫「夭折」，亦稱「討債子」，傳統習俗即簡單處理喪事、草草埋葬。古代的想法是儘快結束喪事，讓家中可以趕快脫離悲傷回到日常生活；只是時代進步後觀念也改變，小小的往生者也「曾經」是生命，偶爾看到靈位區放著天真無邪的嬰兒照，對比旁邊一張張成熟年邁的遺照，顯得格外突兀。習俗上長輩不用也不能替小貝比拜飯，但早晚的時候，父母仍會泡了牛奶放在桌上，臉盆裡還放隻壓了會「啾啾」的橡皮小鴨。看著年輕的父母佇立照片前，忍不住想著，古時草草埋葬的做法雖說太殘忍，但或許有其意義。

和家屬聊著小女生的過去。依傳統做法僅協調喪事過程，把喪事變成「只是處理一件事」。雖不知這樣做好或不好，但這樣的好處是家屬較不易掉入難過和回憶中。

這條十一歲的小生命，比我想像中還要堅強。小女生有去學校上課，當然下課後就是回家。不能走路的關係，在家中有張專屬的小桌椅，回家後那就是她的小天地。或許是疾病之故，思想也比較早熟；她有自己的錢包，自己的錢自己管，還會關心著阿公身體，叫阿公不准抽太多菸。每個人生日時，她就會從小錢包拿出私房錢買禮物。當然不可能是她自己去買，但她會很堅持著誰喜歡什麼、該送什麼，很貼心的一個小女生。

聽她爸爸說道，有次像往常般抱著她上學，一位小朋友看到這樣，童言無忌地說了一句：「她好可憐哦！」爸爸怕她受到傷害，趕緊看了一下女兒，沒想到女兒竟回答：「我不可憐，我只是不能走路而已！」是呀！除了行動不便，一切都和一般的小朋友一樣。

聽著小女生的故事，我暗自思索這場喪禮該怎麼辦？簡單地送出門，就像夭折的小孩一樣？還是能有更好的做法？家屬沒什麼特別想法——但其實一般家屬對喪禮都不會有特別想法的；一輩子遇不到幾次的喪禮，沒幾個家屬知道它能有更多的變化。我認為，就現有的布置對小女生來說，傳統花山花海一點都不適合，太過「正式」及「老氣」，針對小朋友的布置，整個「畫面」應該更活潑、顏色更鮮麗。

當時我在大公司任職，大公司的體制下，所有的內容廠商價格都是簽約固定的，制式布置成本會比較低。但若想要有所不一樣，那就稱為非制式；要做非制式的變化，廠商當然要多花心力及物料，所以非制式的價格遠遠高於制式價，也因此想改變的，大都是有賺頭的大場面。基於上述原因，禮儀師極少把客戶引導到個性化、差異化。

在大公司底下，每一個變動都是一場革命，我想為這小生命做些什麼，又不想讓家屬花大錢。硬著頭皮思考：「該怎麼做？」

向家屬要了許多小女生的照片，也問看看她的興趣與日常生活，有沒有哪些是她常常掛嘴上的？媽媽聊東聊西後想到：「她想留長頭髮，但我們嫌麻煩不給她留。」

對呀，十一歲正值荳蔻年華，在小女生和小女人中蛻變著。照片中有幾張長頭髮，都是好小好小的時候，最近幾年都是短髮。該電腦合成嗎？媽媽又聊到小女生喜歡聽梁靜茹的〈分手快樂〉，以及她有次看新聞播著合歡山下雪，她向媽媽說好想去看看雪，好想在雪中好好冷一下。

個性化及差異化除了價錢的考量外，許多禮儀師不願意嘗試變化的原因，在於必須「動腦子」。

和小女生家屬一連聊了好幾天，聊到許多「點」，這些點要如何構思設計才是困難。

家屬覺得不妨將小女生照片修成長髮，然後背景場地全部設計成白色雪景。

以專業禮儀師的角度來看，這樣的效果不見得好。如果只因為「以客為尊」，便全依家屬說的去做，那禮儀師也失去存在的價值了。

一整個構思的結果，捨棄長髮的念頭。因為小女生有張照片笑得好開心，充滿渲染力，修成長髮後會少去了小女生的俏皮。也捨棄了白色雪地的想法，白色系太冷。轉個念頭，怎麼讓不能走路的她「走」出去？後來把場地布置成小綠地，上頭放了些玩具。一般遺照都固定在正中間，但那樣太嚴肅，把遺照搭著背景做布置偏著一邊，讓照片融入綠地及鮮花中，另外一邊放上一個百貨公司常見的童裝部小天使。整個布置沒有祭檯，中間地上放著保麗龍做成的小水池，幾個造霧器把淺淺水池的霧氣從一旁洩出，營造出另一種美感。

布置完成後，當天的告別式也做了變化。奠禮背景音樂當然用了梁靜茹的專輯，司儀做著引言及串場，讓學校老師帶著同學來說說話唱唱歌。小孩的世界只要出現其他小朋友就讓人感到活潑，隨著流程到最後，不用傳統的拈香儀式，改為所有人帶著祝福，將花瓣放入中央的小水池。簡單，但充滿感覺的一場告別式。

整場喪禮和公司做了多少革命及抗爭不在話下，在控制下，家屬並未花費太多，只是當天的布置在業務們奔相走告之下，一堆同業前來觀看。我雖不情願但也不能拒絕，這就是大公司的宿命。只是家屬看到這麼多不速之客，是否會覺得自己成了公司活廣告而不愉快？

公司有公司的考量，但我也已對得起自己。只想讓小女生不一樣，起心動念，皆不在商業考量。

聽說過去辦理單身榮民時，葬儀社為了節省成本，會將老伯伯照片放置桌上拍照存證，接著場地布置都不更動地馬上換第二張、第三張、第四張……反正也沒家屬會抗議。相信多數家屬聽到都是不屑的，喪禮要的就是一個感動，一個專屬往生者及家屬間的感動。許多財團或生前契約提出「個性化差異化喪禮」，只是這些「特別」就是電視上做做廣告或拍些照片讓業務能夠推銷，讓業務能大聲地告訴客戶：「我們公司做的不一樣哦！」但真到客戶變成家屬時，想要個性化就是追加，想要差異化就是花錢，不然就是照契約的「制式」花山花海。或許花是新插的，只是一樣的布置換過一張一張遺照，又比單身榮民的好多少？最重要的「專屬的感動」呢？

每個往生者都是唯一的。當家屬見了美美的廣告，或業務拿著美美的照片推銷，在跟禮儀公司簽約前，其實可以和禮儀師就布置設計變化提出問題。或許禮儀師大多會含糊其辭地要求先簽約，但「逼問」一下相信能知道對方能力到哪，也可以知道他是否願意多花點心思。如果對不一樣的設計有興趣，或許可將此列為選擇禮儀師的條件之一。

個性化差異化有著極大的進步空間，只要有心動動腦子，不一定要花大錢，也能得到專屬的感動。

尊重專業，打造完美告別式

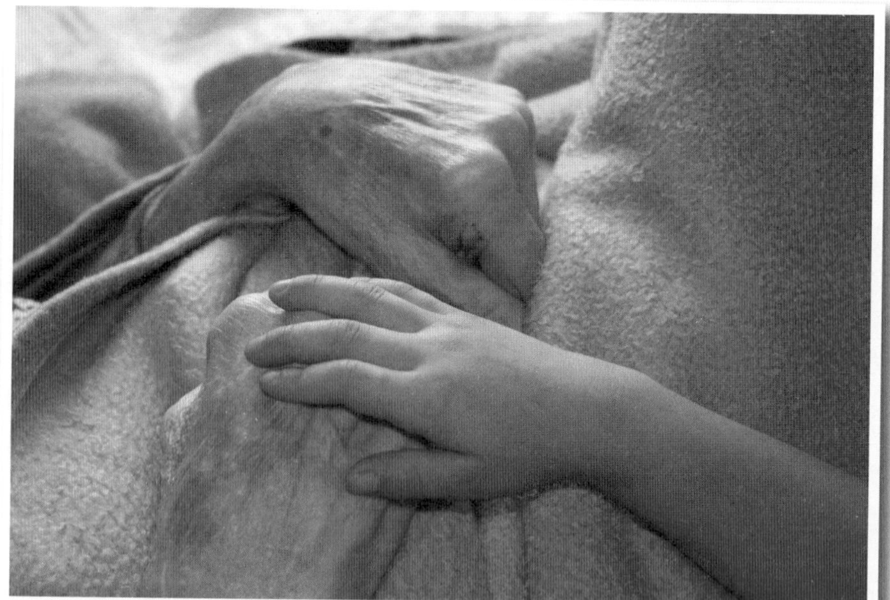

21 信任是一切的開始

「你今天很閒哦！」救護車司機語帶諷刺地說。

我笑著回答：「還好啦，你今天比較忙哦！」

接著司機打趣地問我是怎麼跟家屬算的，不然他們是在怕什麼，我對著司機說：「你誤會我了，是這家屬很專業啦。」

送人到終點站的過程中，禮儀師常常會遇到各式各樣的家屬。每個家屬的年齡、職業、教育、態度都不一樣，久而久之，即使剛和家屬見面講話，就能在短短的時間內把家屬歸納到一個「樣式」；每個樣式的家屬在想什麼、好不好溝通、服務過程會是如何、順不順利，錢好收嗎？整場喪事似乎一開始就已決定。

業務介紹一個案件，和家屬見面時，看到一個虎背熊腰的女主人，破鑼般的嗓門，說話急又衝，聽了刺耳，透露出她的掌控欲。她不時說自己很行，在故作聲勢的加大語調下，顯示著她並不懂；對比之下，男主人瘦瘦小小地縮在一旁不吭聲。準備到終點站的是他的母親、她的婆婆。

禮儀師遇到這般客戶，也只是行「中庸之道」地順著她的話接，這反倒讓女主人有了優越感，她不時對著沒發言權的男主人用台語嗆著：「你是有沒有在聽，講的是你阿母的事耶！」男主人靜靜待在一旁沒回話，冷不防的，女主人又開火：「你不要一副事不關己的態度，你要做決定呀！」男主人眼神飄來飄去，用手抓抓頭，女主人見此更不滿地嗆：「你不要只會笨笨地待在旁邊啦，要聽啦！」

男主人能講什麼話？事實上，連我講的話也不多。每每提到一個點，這女人就搶著開口，質疑著我們會不會做。面對這些，我也只是笑笑地點點頭。好在，她不敢罵我笨。

殯葬業會經常遇到很「懂」的客戶，其實大家心裡都有底；那麼懂就不用我們，可以自己處理不是更好嗎？看著說自己多行的家屬，常會想著他們是曖曖內含光，還是半瓶水響叮噹。只是禮儀師也算業務的一種，看著客戶吹吹牛皮不打緊，不要是我戳破牛皮就好。但眼前這客戶讓我最擔心的是，她不僅僅吹牛皮，還想自己吹破！她強烈地想主導所有事。

在禮儀師瞭解家屬的拼圖中，幾片就能夠勒出全貌。剛從事禮儀師時，不管大案件或小案件，只要有談的機會都想接到手。只是隨年齡漸長，明知道有些家屬或客戶很難處理時，會覺得案件順利進行，遠比和家屬泥中打和來得好。當然，純粹以利益為出發點是不好的，因此我腦中的天秤不斷衡量著進與退，此時，耳邊傳來刺耳聲：「好啦好啦，你講的我都知道啦，價格報一報，我也認識很多禮儀公司，我再比比啦！」

這句話在天秤一端重重地壓下，連價格都沒報，我就順著她的話說：

「對呀，貨比三家不吃虧，等你們把一些大方向決定好，比較好估價啦。」說話的同時，我一邊起身準備離去，看看錶，還能回家吃晚飯。

當晚，女主人電話突然來了，看來連找其他禮儀公司的時間也沒有，婆婆往生了。

果然一切都在混亂中開始。女主人破鑼般的嗓門讓我不得不把手機拿遠點，才能聽清楚她到底在講什麼；她一直原封不動地重複著醫生說的話，說著血壓數值多少的醫學用語，但這些沒有幫助，重點是醫生建議可不可以回家？還是家屬決定要回家？我只好拉起嗓門吼著：「那妳現在決定要回去了？」一連問了兩、三次她才回過神來。我直接引導著目前狀況，教她該如何做，她不知所措下也只能照著我安排，只是，再來呢？

工作人員先來到家中把一切準備妥當，隨著救護車嗚笛聲到來，習慣性和工作人員到車後準備請下大體，出手前，龐大的背影擋在我面前。「全家都圍過來，快點啦，要請阿嬤下車了。」她大聲地吆喝著。一家人圍了上來，當然也包含了一個瘦小的身影。

家屬想伸手的不知手該放哪，縮著手又怕不能幫忙，導致手要伸不伸地猶疑著。救護車司機瞄了我一眼，口罩下，看得出他在偷笑。

我無辜地聳聳肩，轉身離開這團混亂，去準備下一步驟「穿壽衣」。家屬一夥人七手八腳，總算把老太太移至水床（供往生者躺下之床）。當我拿著壽衣靠近時，龐大身軀面對著我說：「壽衣給我，我們要自己幫她穿。」

我解釋著：「我的工作人員穿比較順手。」

「不用，我們會。」她說完，很直接地從我手上「搶」走壽衣。大體是女性，現場似乎又沒我的事，便走到門外聊天。

「你今天很閒哦！」救護車司機語帶諷刺地說。

我笑著回答：「還好啦，你今天比較忙哦！」

接著司機打趣地問我是怎麼跟家屬算的，不然他們是在怕什麼，我對著司機說：「你誤會我了，是這家屬很專業啦。」

我一邊閒聊，一邊不停打探著裡頭情形。

女主人帶著女兒媳婦生硬地脫下老夫人衣物，擦拭後準備穿上壽衣；唸佛機阿彌陀佛旋律伴著刺耳的「專業指導」和布料過度拉扯的嘶聲，幾次，我都想進去打斷他們。許多動作一看就不行，不知老太太現在斷氣沒，不然看他們的動作，她應該很不好受吧。

老太太身材瘦小，應該很好穿壽衣，但錯誤的動作和技巧下，只會讓壽衣整個卡住；卡住的壽衣不能硬拉，情急下一用力，屋內傳來一聲「喀」——剎那間，所有人的動作全僵了。

後來，我把家屬請了出去，工作人員接手穿壽衣；工作人員這邊調一下，那邊推一下，沒幾分鐘便穿戴完成。只是這女人有因此少干預一些嗎？

並沒有。個性跟著自己一輩子，接下來各儀式仍聽到她熟悉的破嗓聲，再接再厲地想主導一切。事情一樣七零八落。面對這樣的家屬，我只會把要注意的事大聲明確地跟她說。當然她會說她懂，但若出了問題，我都說了，也「免責」了。

這女人個性這樣，她婆婆受得了嗎？我對這問題感到好奇。除非婆婆個性跟兒子一樣悶不吭聲，但似乎並非如此。婆媳問題一直存在，吵架對罵是家常便飯，此時兒子就成了最好的緩衝；婆婆唸媳婦，媳婦說媽媽，兒子不答話，只做最好的聽眾。看來每個角色還是有他重要的地方，只是婆婆年紀漸大，身體也每況愈下。知道大限之期不遠時，知道自己的兒子不濟事，病床上的老太太竟把媳婦找了過來，手頭剩下的錢、擔心的事，在病床前交予這位媳婦，她們終於和睦。

案件終於結束，收款時，女人竟然提到換壽衣是不是不用收錢，我警覺性地馬上接話：「當然要算錢呀，妳也體諒一下，是工作人員把壽衣穿好的耶！」

「好啦好啦，是不用他們啦，我們自己就可以換好……」她持續地碎碎唸。

客戶是不是真的懂殯葬，其實禮儀師稍稍探一下就能知真假；**面對喪禮真沒必要玩著「膨風」的遊戲，萬一牛皮吹破，禮儀師百忙中還要考慮是要「落井下石」還是「雪中送炭」，為何不讓喪禮好好進行？**很久以前，那時尚無葬儀社，如何辦理喪禮常是宗族長老一代傳承一代。只是到了今日，各行各業都有專業，工作人員有其專業，禮儀師也有自己的專業，何不讓這些專業人士順利地圓滿一場喪禮！

22 一場告別式，交一輩子的朋友

喪禮圓滿結束，雖然經過多次的溝通協調，也在腦中排演過無數次，但天底下沒有完美之事，一定會有絲毫的小差錯及可以再改進的地方，但就當下來說，家屬和我都很滿意。

和家屬「共同」完成一場喪事的成就是難以言喻的，而且是場與眾不同的喪禮，後來兒子和我說：「經過這場喪事，好像某廣告說的，交了一個一輩子的朋友！」聽到這樣的話，覺得一切努力都沒有白費。

在簡餐店吃飯，服務生若問客戶：「附餐飲料要什麼？」客戶一定會問：「那你們有什麼可以選？」

所以有些餐廳會訓練服務生問：「附餐飲料要咖啡或紅茶？」問題單純，選擇也歸納到二擇一。

各行各業常運用這些技巧，禮儀師也是，如：「花的配色要鮮艷還是樸素？」「壽衣要傳統還是現代？」「有拿香嗎？」透過這些非黑即白的明確答案，能快速掌握客戶需求。但有些問題就不適用，如「要做七嗎？」這問題一出現，答案只有「要跟不要」，所以有些禮儀師會轉個方式問家屬：「我們打算做幾個七？」把答案預設在問題中，又是另一種說話的藝術。

但禮儀師最忌問些爛問題：「我們想怎麼安排喪事？」「布置想怎麼做？」這類問題答案太廣了，一般家屬也不容易回答，所以家屬大多會回答莊嚴樸素、簡單圓滿、格調品質……這些形容都太模糊。多數禮儀師會擔心萬一家屬提出許多想法，自己又能做到多少？於是，對多數禮儀師來說，把喪禮一貫化是最省事的。

遇過一個家屬，當我試著以宗教引導至各宗教流程時，家屬很有主見地回答我：「我們算是天主教吧，但也沒在去教堂，我們也不想有啥經什麼的。」堅定的語氣代表著家屬似乎有明確的想法。坦白講，遇到這類有想法的客戶，有些禮儀師還是會努力說服家屬遵循某宗教儀軌，這樣一來較保守不易犯錯，也比較不用動腦筋。

若家屬再堅持想法呢？有的禮儀師就是不管了，全聽家屬的，反正都是家屬的意見，出意見的就要負責，辦得好不好或怪不怪都和禮儀師沒關係。只是當下，我既沒說服家屬遵循宗教，也沒全盤依家屬想法，我做了第三種選擇。喪禮能有更多變化嗎？試試看吧！

溝通協調的過程是最累人的，聽著家屬的想法，試著抓出他們想要的感覺，腦中不斷盤算若實際執行時，效果會是如何？可能會有什麼問題？還有其他的取代方式嗎？畢竟每場喪事或多或少循著某宗教；佛教有師父，道教有道士，基督天主的牧師神父，這些宗教師在喪禮的過程仍佔著極重比例；不用宗教師的喪禮，在許多流程細節上都必須重新思考：怎樣讓流程順暢？怎樣才不會突兀？甚至更細部的某些物品何時可以擺設或收拾，最重要的，家屬在當下的感覺會是如何？

接連著幾天，扣除其他案件的服務及公司固定作息外，幾乎都泡在家屬那聊天協調，似乎也忘了提出意見就要負責的原則，忘我地沉浸在瞭解家屬和協調規劃中。

過世的老先生大護喪妻十幾歲，這段差距甚大的婚姻在眷村中當然憂大於喜。婚後生了一對子女，老先生是職業軍人，某年過年；老先生留守軍營，眷村裡家家戶戶慶祝過年放著鞭炮，震耳欲聾的炮聲嚇壞妻子及小朋友。毅然決然地，老先生放下仍有大好前途的軍旅提早退伍，可謂性情中人吧！退伍後過著幸福快樂的日子，每隔幾年全家會去拍照留念，把生活中每段記憶記錄下來。只是隨時間流逝，老先生病了，妻子兒女照顧著醫院病床上的他，又過了十幾年才蒙主寵召。

家屬要的是一種「溫馨」，只是要怎麼表現呢？在家屬家中就地找了張桌子，從廠商那邊要了些白色布紗，然後家屬拿來許多飾品蠟燭擺設，再來就是挑選放大照。和家屬在成堆的照片中找著合適照片，老先生病了那麼久，所有的近照大多在病床上，臉色當然不好看；看到一張十多年前的藝術照，老先生穿著禮服，四十五度角地坐在椅子上，黃色漸層的背景突顯出軍人的英姿煥發。這張照片會不會太年輕？但這張照片很帥呀！把照片做成放大照，其他全家福及藝術照一起放在桌上。原來還怕會太空的桌上，鋪上色紗點上蠟燭，幾個小小飾品點綴，來訪親友翻著一本本相簿，和家屬互動聊著每段回憶，對比一般靈堂只能讓人遠遠上香，這樣哪裡不好？

常常看到家屬選擇放大照時，就算年輕照片多好看，家屬總會擔心不適合，擔心會不會讓人覺得往生者很年輕，甚至用了臥病在床的照片。但換個角度說，家屬總是熟悉最後幾年的身影，卻忘了誰沒年輕過？每張照片都是他某段時間的證明，為什麼不能選一張最帥最美、家屬最愛的放大照？

放大照約是半身照，頭部的部分比一般放大照來得小，若使用傳統布置，照片只會在花山花海中被淹沒，反而感受不到主體。因此，把花的使用極度減少，僅在一些小地方以鮮花點綴；還跟廠商要了一堆投射燈，利用直接間接光源做出許多亮度和陰影，這樣可讓照片更加突出。適度留白後的禮堂布置感覺不到擁塞，反而帶點空靈。

告別式的流程上也採用較為西式的做法。子女們可以一一追思父親。這方面家屬做足了功課。我西裝裡一張口袋大小的小抄，抄著滿滿兩面的「作戰計畫」，從一開始的音樂到兒子女兒追思時的音樂；大約唸到哪段時音樂進場，何時音樂又該漸強或漸弱，何時又該停止……這些在事前全和家屬溝通過，也和樂隊不厭其煩地一次一次連繫。奠禮上一邊看著小抄提醒自己，一邊注意樂隊音樂及整個流程，禮堂開了冷氣，汗還是不停地流下。

喪禮圓滿結束，雖然經過多次的溝通協調，也在腦中排演過無數次，但天底下沒有完美之事，一定會有絲毫的小差錯及可以再改進的地方，但就當下來說，家屬和我都很滿意。

和家屬「共同」完成一場喪事的成就是難以言喻的，而且是場與眾不同的喪禮，後來兒子和我說：「經過這場喪事，好像某廣告說的，交了一個一輩子的朋友！」聽到這樣的話，覺得一切努力都沒有白費。

隔了一年突然接到消息，兒子在一次意外中，從高樓墜樓身亡。那時我早離開了公司，家屬透過之前同事連絡到我。一年前英挺的年輕人，再看到時已人事全非，僅剩下包裝好的骨灰罐。面對無常，或許也只能接受和祝福吧！腦中不斷迴盪著那句「一輩子的朋友」！

禮儀師和家屬究竟該如何互動？這是個緣分的連連看遊戲。以自己為例，總覺得家屬和禮儀師之間該互相信任、尊重，以及「共同」完成喪事。但每個家屬需要的不同，有些希望權威型禮儀師，有些喜歡禮儀師能傾聽陪伴，有的家屬要「能受指揮」的禮儀師；**當對的家屬遇到對的禮儀師，會讓整場喪事順利圓滿，反之會覺得所託非人**。喪禮不能重來，在家屬選擇禮儀公司或禮儀師時，試著表達自己需求與希望的互動，讓整場喪事更加圓滿。

23 問對問題選對人

如果遇到冷藏的大體忘了退冰，為了加速解凍，只好臨時找來數台電扇狂吹著硬邦邦的大體，禮儀師則不斷地延遲時間。

只是，這種情形之下，在看最後一面時，大體上仍滿是退冰水珠，豆大的水珠似坊間笑話說的：

小孫子看到阿公的遺體有解凍後的水珠，緊張地大叫：「阿公在流汗耶！」

阿嬤只好跟小孫子說：「阿公第一次死掉，會緊張啦！」

喪事有許多環環相扣的細節，禮儀師的職責除了規劃好喪禮、做好服務，再來就是注意流程中的各種小細節。因此禮儀師每月案件量該有個上限，超過上限就有可能犯下小錯誤或服務品質下降。當然這些理論在許多具規模的公司存在，但不實用；畢竟少請一人就是降低成本，一人能抵兩人就是獲利，這是公司營利的不二法門。只是人盡其用的原則下，許多禮儀師每天從早到晚地忙東忙西，套句名言「魔鬼藏在細節裡」，一不小心錯誤便發生。當然，許多的錯誤歸咎到忙中有錯，但有些錯誤就是禮儀師本職學能的問題。

在殯葬世界裡，禮儀師雖然是做整體規劃，但其中諸多部分仍會配合人力，舉凡接體、淨身更衣、化妝入殮、告別式服務人員，甚至司儀禮生或司機，這些都脫離不開人力。只要禮儀師一通電話打到人力公司，工頭馬上安排人員前往支援。因此人力公司配合著許多禮儀師，每個禮儀師都有自己的風格，當然就有自己的盲點。

能安排處理事情的好禮儀師很多，但也有不少不懂又常犯錯的人；許多業者總喜歡說著自己辦過多少多少場的喪事，但人力公司看過、經過的喪事更多。

那時正在人力公司做「工頭」，可以跳脫過去的思維，聽其他禮儀師怎麼和家屬協調；看著其他的禮儀師在每個場合怎麼處理事情，也就遇過一些「天兵」級的。

每個禮儀師應該都會講解拜飯的流程。拜飯就是早晚子女請親人用餐吃飯，過程簡單來說：更換臉盆水毛巾，供上飯菜，點支粗香，請親人盥洗用餐，燒半炷香後收拾飯菜完成。

懂得的人有沒有發現哪錯了？天兵禮儀師把這些和家屬說完後，工作人員都瞪大了眼，但大夥都憋著沒笑。

當天，家屬拜飯時打了電話問那公司：「請問燒半炷香就可以收飯菜了？但都好幾個小時了，怎麼燒不到半炷？」

那公司驚覺不對，細問下才發現天兵禮儀師把「細香」說成「粗香」。一支細香不過三、四十分鐘，一支粗香有可能燒將近一天。

也遇過某間禮儀公司幫家屬擇了個良辰吉日，當然擇日的派別多，玄學本來就沒一定的標準，但擇來擇去偏偏擇了一個火化場的「公休日」。

更糟的是家屬訃聞都印了也發了，禮儀師只好又去遊說家屬，又拐又騙又哄地建議大體先行火化。禮儀師這樣的錯誤不應該，但還是發生。

曾接到禮儀公司打電話來，慌慌張張地叫人力協助輓聯吊掛，那時都晚上快十二點了。原來禮儀師忘了隔天有告別式，所有的廠商都沒安排，一直到晚上九點多，家屬打給禮儀師：「請問一下，明天告別式有鮮花布置嗎？」禮儀師才驚覺：「對厚，明天有工作。」刺激吧！

還有禮儀師告別式當天，才發現沒安排服務人員，一大早緊急七請八催的，也是有這樣的例子。

禮儀公司有時案件量爆增，更容易忘東忘西，要請領大體才發現還沒辦理「領屍手續」，都到火化場了才發現沒辦「火化手續」，這些算小事，趕緊補辦應該都來得及。但如果遇到冷藏的大體忘了退冰，為了加速解凍，只好臨時找來數台電扇狂吹著硬邦邦的大體，禮儀師則不斷地延遲時間。

只是，這種情形之下，在看最後一面時，大體上仍滿是退冰水珠，斗大的水珠似坊間笑話說的：

小孩子看到阿公的遺體有解凍後的水珠，緊張地大叫：「阿公在流汗耶！」

阿嬤只好跟小孫子說：「阿公第一次死掉，會緊張啦！」

忘了退冰時有所聞，但還聽說過禮儀師忘了請大體進冷藏櫃，而且還隔了很久才發現！更別提前陣子常發生的，領錯大體導致燒錯。

古代就醫、拜師、學藝常要求神問卜，就是怕找錯人看錯人；看過如此多的公司，其實目前殯葬最大的問題就是：專業的稱為禮儀師，不專業的也自稱禮儀師。如此情況，讓整個殯葬業品質參差不齊，反正只要能「找到」案件的就能開禮儀公司。

很多這類公司的禮儀師，什麼都不懂，遇到問題就是不斷地打電話詢問工頭，再不然就叫工頭幫他去和家屬談——這是一個有趣的現象：家屬把喪事交給一位什麼都不懂的禮儀師承辦，然後不懂的禮儀師再請教工頭……

消費者找禮儀師時，或許是事發緊急，有人做就好；或許是禮儀師態度好，穿著西裝年輕又帥；也或許家屬誤判禮儀師。不過有的禮儀師一聽談吐就是油，一遇問題就是躲，但仍是許多家屬相信他，或許也是一種緣分。

記得有間葬儀社老闆，整個出殯家祭公祭到火化從不出現，工作人員也不知老闆是怎麼安排，家屬有問題不知該對應的窗口是誰，等於現場大家重新認識、重新規劃流程，這樣當然亂。

只是再亂的場面還是會結束，家屬開始圍食吃飯，這時老闆出現，當然會有家屬抱怨。但這老闆的長才就是長袖善舞，一邊和家屬稱兄道弟，一邊當家屬面前罵工作人員，不久大家嘻嘻哈哈沒事了。

那些工作人員回公司，當然會抱怨被老闆罵，我一聽，就知老闆在做動作給家屬看，但被罵的人多少還是不愉快吧。我好氣又好笑地交代工作人員：「怕被罵就別貪吃了，工作結束就回公司。」

結果，那次老闆又準備罵給家屬看時，發現沒有工作人員留下來，害他不能重施故技，因此老闆特別打了電話過來：「以後結束人不要全走光，一定要留人下來吃飯幫忙。」

從人力公司看殯葬，真是五花八門、眼花撩亂，若把這些當成笑話來看還好，但如果今天家屬遇到這樣的禮儀師呢？

政府也想透過證照規範業者，只是這樣反而造成更糟糕的結果；證照和現實脫節太大，禮儀師會不會處理事、心思細不細，這些都不是證照能證明的。

考題永遠考不出一個人的工作能力，消費者在選擇禮儀師時，請好好張大眼睛。

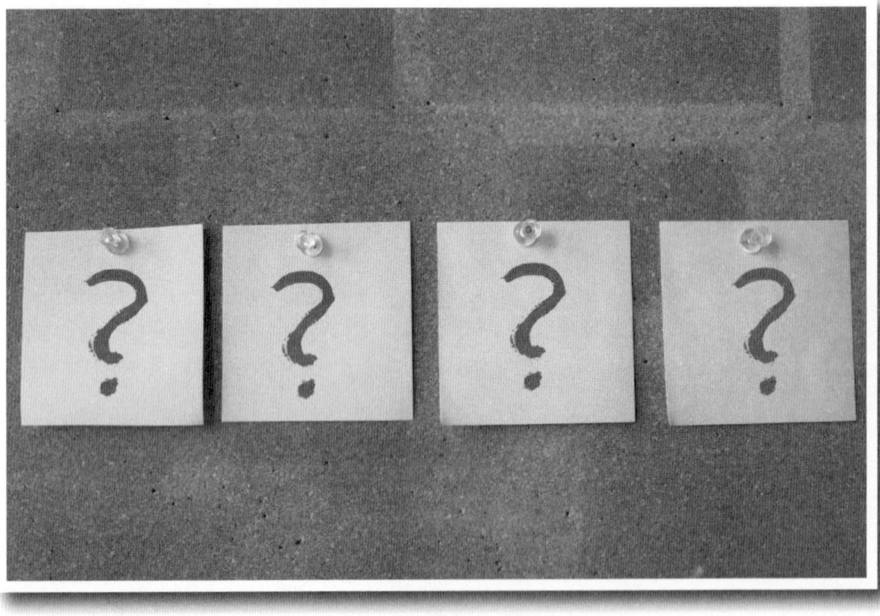

24 貨比三家會吃虧?!

家屬楞了一下，一旁有人對著我說：「你們這間最貴哦！」

我沒準備把椅子坐熱，馬上起身，說道：「不好意思哦，那你們找別人好了！」

外頭某間業者看我進去隨即出來，問道：「你怎麼那麼快！」

終於不用顧形象了，所以我大聲笑著回答：「我太貴囉！」

一場喪事到底要花多少錢？這價格永遠沒個定數。

佛道基督天主的東西有所不同，各地區儀式重視物品又不一，每個區域殯葬設施費用也不同。就塔位來說，地區性回饋塔位有些不過幾千元，有時單一塔位就以百萬計，貴和便宜難以衡量。許多消費者取決的方式，即是把各家禮儀服務的內容比一比，然後內容比較多、價格比較低的就是便宜，也就是CP值高。只是殯葬業就是服務業，禮儀師就是服務人員，而服務的價值又該值多少？有人覺得五星級飯店的服務就是好，但有些人喜歡路邊攤的親和力；殯葬業很難像餐廳般多收一成服務費，而服務前，家屬也很難知道和禮儀師的互動如何，因此這些互動服務的價值，往往只有「做了」才能知道。萬一互動差呢？才短短十來天的喪事，多數家屬也懶得再換，就這樣吧！

第一次見到這麼熱鬧的比價大會！

接到接體電話，什麼？大體已經在殯儀館。詢問下，家屬自己從醫院請救護車，就這樣把大體送到殯儀館，家屬不知道再來要怎麼做，於是打了電話問禮儀公司。

「我們想要先瞭解服務內容跟價格。」家屬問。

一開始聽到家屬的處置就滿令人傻眼。把遺體接到殯儀館不難，但接著該如何？助念？冷藏？擇時打桶（密封棺木）入殮？我直覺式地回問：

「那需要我現在過去談嗎？」

「沒關係，等我姐夫到了，再打電話叫你來好了。」

整個情況就是怪，話語中完全沒有緊張，只有平靜對話。但大體在殯儀館正等著處理，至少也該做些處置吧！不知家屬是不懂嚴重性或是真不緊張，而且隔了幾小時仍未接到來電，應該是別人接了吧，也就不以為意。突然，又接到家屬來電：「你們可以來談了。」家屬仍是一貫地平靜。

約的地點在家屬家中。我腦中充滿問號，一般來說，殯儀館都有某個位置先行安置大體，再依家屬決定要冰或如何。現在家屬回家了，那遺體怎麼了？到達家屬家外頭，正有別間禮儀公司聊著天。殯葬的圈子不大，許多禮儀公司不認識，但多少會見過。應該是剛剛報過價的禮儀公司吧。正準備進入門口時，碰巧遇到認識的禮儀公司走了出來，看到我打招呼：

「哈，換你啦！」

如果是平常一定開心地打著招呼，不過正在門口，總要保留些形象。禮貌性點點頭後，一進門還沒坐到椅子上，家屬直接開口：「你直接把你們的服務內容放到桌上，也把最低價格報出來。」桌上放著各家禮儀公司的名片及估價單。我心中想著：這到底是怎樣的一個家屬！

我緩緩地坐到椅子上，沒有禮貌性問好，沒有自我介紹，也沒拿出任何估價單，直接開了口：「整場喪事做下來要三、四十萬哦！」

家屬楞了一下，一旁有人對著我說：「你們這間最貴哦！」

我沒準備把椅子坐熱，馬上起身，說道：「不好意思哦，那你們找別人好了！」我也不說再見，就這麼靜靜走出屋子。

外頭某間業者看我進去隨即出來，問道：「你怎麼那麼快！」

終於不用顧形象了，所以我大聲笑著回答：「我太貴囉！」

離開沒幾步，又見另一間禮儀公司進去。

不得不佩服，這是一個非常理智而且有耐性的家屬，可以在親人往生後，仍然不慌不忙地找一堆禮儀公司來比價。也讓我好奇，最後成交價會是多少？

之後問了朋友到底多少錢成交，聽著朋友說的數字，包含了告別式布置及司儀樂隊及功德法事、庫錢紙，甚至連殯儀館政府規費都包了。聽說家屬還特別向他說清楚「花不能用續場的」。看來問過這麼多葬儀社，還是有做到功課，知道業者的一些省錢方式。只是簡單算一下獲利，才賺幾千元，值得嗎？也更好奇這案件的後續發展。

許多業者習慣開始就報低價，等案子搶到手再開始追加。這案子當然如此。聽說接到案子的隔天，遊說著家屬可以把內容做得更好，哪些東西花些錢就可以升級，法事功德可以做更大，庫錢可以燒更多……繞了一大圈，家屬無動於衷。

接著第三天葬儀社又擺出了哀兵政策，和家屬說著現在的殯葬業多難做，本來做生意就是要賺錢呀，賺多賺少都好，但不能沒賺呀；讓往生者用好的，多花點錢一定值得啦。聽說家屬面對這些遊說，只冷冷地回答：「沒賺錢當初就不要接呀！」

第四天，葬儀社的禮儀師不在喪家那兒出現，反正賺沒什麼錢，也不用做什麼服務。但那葬儀社還是很有良心，依著當初簽的契約，該做法事時法師便出現，祭品也會由配合廠商直接擺上。只是當家屬有所問時，法師直接回答要問禮儀師，但禮儀師沒出現呀。家屬撥了電話去，禮儀師也愛理不理，甚至不接電話。一向平靜的家屬終於不平靜，怒火中燒地跑去禮儀公司那興師問罪：「你們公司的服務如果就是這樣，那當初就不給你們接了！」

這次換禮儀師態度平靜和緩地回答：「那你們就換人呀，這種價格如果有人要接就給他們做。但要先說哦，依照契約，使用過的東西都要付費的。」

聽到禮儀師這麼堅決的回應，家屬反倒放軟地說：「你們禮儀公司也是服務業，做得好會幫你多多介紹客戶呀！」

只是禮儀師不領情地回應：「你們仔細看看合約裡，有寫的東西都一定有，但沒記載禮儀師要做什麼服務吧？介紹客戶是看緣分，如果你們覺得想換間公司，要換要趕快哦。不然我廠商物品訂下去，你換別間公司還是要付錢。這些合約裡都有寫。」

這樣一來，家屬反而不敢更換禮儀公司。聽說出殯當天，禮儀師還是沒出現，就叫了幾個工作人員去處理。家屬有什麼問題，工作人員也虛應一番，整個告別式能省的都省了；一個工人兼著做司儀，扶完棺後順便去開靈車；就在幾個工作人員輪番上陣下，結束一場喪禮。收後續款項時聽說家屬有些意見，不過依著合約，該有的都有了，該做的也都做了，最後還是付了尾款。

消費者選擇禮儀公司時，習慣會先瞭解知名禮儀公司，然後發現價位怎麼那麼高，東西怎麼那麼少，然後一間比過一間，愈比較愈不知所措。每間講得都有道理，但怎麼下一個報價似乎永遠比上一個便宜；腦中雖然出現了「便宜沒好貨」的想法，但轉眼間下一間禮儀公司又說「羊毛出在羊身上」。

除此之外，想到常聽別人說的，禮儀公司都用低價搶客再開始追加，導致剛聽到價格都能接受，但服務完成怎麼價格又高了許多。

面對殯葬這場生意和談判，消費者還是得回頭想想，自己的預算是花多少錢？花這些錢能做到想要的嗎？

聽完各家禮儀公司說明後，**消費者該做的功課是深思各公司的說法。建議可把禮儀分為兩個點思考：禮儀項目內容要什麼？自己是否重視禮儀師的互動及服務？**第一個點可以讓自己在再次和禮儀公司洽談時，確認項目內容並且重新比較價格，這樣出來的數據一定比較精確。

第二個點的評估較為困難，畢竟先前說過的，殯葬服務業的價值，往往只有「做了」才知道。消費者不容易知道要什麼，但可以試著想想日常生活中，習慣事事自己來，還是習慣有人幫你處理事情？遇到問題喜歡自己找答案，還是喜歡一通電話問解答？多少都可以知道自己的屬性。當然，若消費者認為禮儀師可有可無，服務沒什麼，反正都差不多，那建議直接而明確地告知禮儀公司，也可以順便殺個價。當然要禮儀公司不用服務，也別反悔說怎麼沒見過禮儀師；若家屬還是覺得要有人服務，建議把內容確定後也用不著比最低價，該比較的是哪位洽談禮儀師較適合，畢竟服務的價格是很難認定的。

但消費者也不用問禮儀公司「有服務」跟「沒服務」價格差多少。這個問題跟許多消費者喜歡電話問價一樣，對禮儀公司來說，都沒辦法給予精確的回答，許多東西電話中是講不清楚的。同樣的，有服務沒服務，那家屬如果要「一半」的服務又該如何界定？喪事一輩子不過遇到幾次，該為了找問禮儀公司花多少時間？

講到這邊，消費者或許又想說，乾脆買張生前契約來得簡單。生前契約對有錢要品牌的人來說簡單，對其他消費者卻不一定。生前契約的內容往往都是最「基本」的，業者會解釋這樣的內容，是依據十年二十年後的未來所規劃。所以消費者買張十年二十年後的產品好嗎？這十年二十年的風險又有多少？

一樣的產品不一定適合每個人，消費者該睜大眼睛看清楚。

25 低價下的產物

老闆說這利潤很低，交代我告別式要安排在某天中午。因為那天早上也有場，所以布置可以沿用來降低成本。日子來到告別式前一天，家屬下午拜完飯，順便繞進會場看布置，對整個會場很滿意，突然有所驚覺地問我，不是明天中午嗎？怎麼那麼早布置。我尚未回答，家屬又看了看外頭，發現不是母親的名字在上頭，全數沉默。

整場喪事在出殯告別式中落幕。所有的家屬都重視當天的布置及儀式，許多家屬也想用不一樣的方式送別，因此許多財團公司打著「專屬個性化」的行銷廣告。

做禮儀師一段時日後，看膩日復一日的同樣布置，也會想著告別式的布置及流程可以更進步。某次一個機會，家屬有不一樣的想法，也第一次請了一間專做式場設計的廠商來配合，不過經驗並不好。

知道家屬有不一樣的想法，代表著禮儀師已對家屬有某種程度的瞭解，對家屬要的感覺多少心中也有底。但第一次，總覺得要相信專業。

設計廠商和家屬聊了約半小時就結束。我很好奇怎能半個小時就談完了？廠商確認說沒問題，懷疑之下，要求廠商來個設計圖吧？一見設計圖大失所望，不過是把現有的布置換個東西，這樣就可以交差？和家屬的協調中，家屬要的不應只是如此，那時我才豁然開朗，許多號稱設計的廠商，不是以往生者為出發點，更不用瞭解家屬的感覺，只是東湊西湊然後交差。

雖然第一次的經驗不好，但當時還是很期許在式場能有更多的變化。

離職後去了另一間公司，他們的告別式布置很特別，場面也有賣點，重點是老闆信誓旦旦地說這只是第一套，他們打算一年內要推出六種不同的布置供家屬選擇。聽著老闆的其他構想，我覺得換個角度也不錯。

某天接體，來到喪宅，聽到好大好大的電視聲，一進門，老先生慌張跑過來：「你們快點看看怎麼回事！」

老太太躺在房間床上斷氣。「阿公，您太太往生了！」

「怎麼可能，她每天都這時間睡覺，我就重聽，電視要轉很大聲。她每次睡了，被吵到就開始碎碎唸，開始罵我，我也不管她就看我的電視呀，哪有可能死了！」老先生激動地否定著。

老先生應該也知道老伴死了，不然怎會有人連絡我們？只是他不願意承認這事實，一直叫我們確認：會不會只是睡得比較熟，會不會還有救？不斷找著逃離現實的機會。這時禮儀師該怎麼做？像連續劇般抓緊老先生的肩膀：「你振作點！」還是以葬儀社的口吻嗆老先生：「人死啦！」最後我只問老先生：「阿公，你電視看完了沒？」

老先生用台語回了一句「還沒。」然後又坐回椅子看著電視，我把所有的事交代給在場的孫子。

當月公司業績奇差無比，所以老闆一直想推新的促銷。這促銷就是低價，但喪禮必須限定在固定場地。剛好老太太的兒子就是老闆的朋友，老闆親自出馬和家屬協調，直接把計畫中的促銷用在這場。不用十萬元的優惠，價值近於公司二十萬的內容，還配合上照片布置。能當老闆真有他的一套，現場說服力十足，家屬當然接受。

開始服務案件後，老闆的指示來了，說這利潤很低，交代我告別式要安排在某天中午。因為那天早上也有場，所以布置可以沿用來降低成本。另外，又交代利潤要從其他地方賺回來，做員工的當然只能照做。

日子來到告別式前一天，家屬下午拜完飯，順便繞進會場看布置，對整個會場很滿意，突然有所驚覺地問我，不是明天中午嗎？怎麼那麼早布置。我尚未回答，家屬又看了看外頭，發現不是母親的名字在上頭，全數沉默。

隔天，整個工作還是順利完成，只是收款時，家屬對著我說，有種被朋友欺騙的感覺。布置沿用能省下不少成本，而且也環保，有些人能接受，有些則不行，只是這些都應該讓客戶明白。但幾乎所有業者都以能先接到件為原則，自然不會刻意去提。這促銷在大力行銷廣告下，成功讓公司案件爆增，後來，一年推出六種布置的計畫終止，我也離開那公司。

離職後和之前同事連絡，因為新促銷的利潤低，所以公司也把案件的服務獎金壓到最低，想賺多一點就要叫客戶追加。為了讓家屬多花點錢，幾乎所有的手段都用了；譬如當著家屬及親友面，禮儀師大肆推銷更添，把聲音分貝提高到所有人都能聽到：「孝順就該選好的！」家屬大多也只能摸摸鼻子掏出腰包。又為了節省布置費用，儘可能把許多案件精算時間差，然後擠到同一天告別式；聽說一天能擠個六到七場。和前同事開著玩笑，第一場鮮花品質最好？錯，搞不好是昨天留下來的！

削價競爭在各行各業都常見，尤其在太平間更是淋漓盡致；大體從樓上至樓下到出太平間，利用這段其他禮儀公司「禁止進入」的時間裡，葬儀社不斷遊說家屬，若說服不了便拖延時間再說服。除非家屬非常果決，不然只要葬儀社覺得有有機可乘，便會不斷發起攻勢，然後開始削價競爭。許多家屬也在當下被吸引，然後呢？羊毛出在羊身上，接到案件後禮儀師開始追加。每個家屬都希望親人好，所以沒幾個家屬能躲過這些更添；一開始低價到最後較高的總價，這些早成了既定公式。

消費者請禮儀師估價時，本該請對方說明可能延伸費用，太過便宜未必是好事。提早準備或思考，甚至提早瞭解殯葬也是一種方式。知道自己要什麼，知道多少價位算合理，然後安心地交予信任的禮儀師。希望所有人都能在最後一次相聚時，好好的告別。

國家圖書館出版品預行編目資料

人生最後一次相聚：禮儀師從1000場告別式中看見的25件事／江佳龍作 -- 初版 .-- 臺北市：春光出版：家庭傳媒城邦分公司發行, 2011（民100.11）
面； 公分
ISBN 978-986-657-280-7（平裝）
1.殯葬業 2. 殯葬 3. 喪禮 4. 文集
489.6607 100020719

人生最後一次相聚（全新封面版）
禮儀師從1000場告別式中看見的25件事

作　　者／江佳龍
企劃選書人／林潔欣
內 文 編 校／楊秀真

版權行政暨數位業務專員／陳玉鈴
資深版權專員／許儀盈
行 銷 企 畫／陳姿億
行銷業務經理／李振東
副 總 編 輯／王雪莉
發 行 人／何飛鵬
法 律 顧 問／元禾法律事務所　王子文律師
出　　版／春光出版
台北市 104 中山區民生東路二段 141 號 8 樓
電話：(02) 2500-7008　傳真：(02) 2502-7676
部落格：http://stareast.pixnet.net/blog　E-mail：stareast_service@cite.com.tw
發　　行／英屬蓋曼群島商家庭傳媒股份有限公司城邦分公司
台北市中山區民生東路二段 141 號11 樓
書虫客服服務專線：(02) 2500-7718 / (02) 2500-7719
24小時傳真服務：(02) 2500-1990 / (02) 2500-1991
服務時間：週一至週五上午9:30～12:00，下午13:30～17:00
郵撥帳號：19863813　戶名：書虫股份有限公司
讀者服務信箱E-mail: service@readingclub.com.tw
歡迎光臨城邦讀書花園 網址：www.cite.com.tw
香港發行所／城邦（香港）出版集團有限公司
香港灣仔駱克道 193 號東超商業中心 1 樓
電話：(852) 2508-6231　　傳真：(852) 2578-9337
E-mail : hkcite@biznetvigator.com
馬新發行所／城邦（馬新）出版集團　Cite(M)Sdn. Bhd
41, Jalan Radin Anum, Bandar Baru Sri Petaling,
57000 Kuala Lumpur, Malaysia.
Tel: (603) 90578822 Fax:(603) 90576622 E-mail:cite@cite.com.my

封 面 設 計／萬勝安
內 頁 排 版／浩瀚電腦排版股份有限公司
印　　刷／高典印刷有限公司

■ 2011 年（民 100）11月 1 日初版
■ 2024年（民 113）1月22日二版1.3刷
Printed in Taiwan

售價／330元

ISBN　978-986-657-280-7
EAN　4717702102784

城邦讀書花園
www.cite.com.tw

廣　告　回　函
北區郵政管理登記證
台北廣字第000791號
郵資已付，免貼郵票

104台北市民生東路二段141號11樓

英屬蓋曼群島商家庭傳媒股份有限公司

城邦分公司

請沿虛線對折，謝謝！

遇見春光・生命從此神采飛揚

春光出版

書號：OK0074X	書名：人生最後一次相聚（全新封面版）

請於此處用膠水黏貼

讀者回函卡

謝謝您購買我們出版的書籍！請費心填寫此回函卡，我們將不定期寄上城邦集團最新的出版訊息。

姓名：＿＿＿＿＿＿＿＿＿＿＿＿＿＿＿＿

性別：□男　□女

生日：西元＿＿＿＿＿＿年＿＿＿＿＿＿月＿＿＿＿＿＿日

地址：＿＿＿＿＿＿＿＿＿＿＿＿＿＿＿＿＿＿＿＿＿＿＿＿

聯絡電話：＿＿＿＿＿＿＿＿＿＿＿ 傳真：＿＿＿＿＿＿＿＿＿＿

E-mail：＿＿＿＿＿＿＿＿＿＿＿＿＿＿＿＿＿＿＿＿＿＿＿＿

職業：□1.學生 □2.軍公教 □3.服務 □4.金融 □5.製造 □6.資訊

□7.傳播 □8.自由業 □9.農漁牧 □10.家管 □11.退休

□12.其他 ＿＿＿＿＿＿＿＿＿＿＿＿＿＿＿＿＿＿＿＿

您從何種方式得知本書消息？

□1.書店 □2.網路 □3.報紙 □4.雜誌 □5.廣播 □6.電視

□7.親友推薦 □8.其他 ＿＿＿＿＿＿＿＿＿＿＿＿＿＿＿＿

您通常以何種方式購書？

□1.書店 □2.網路 □3.傳真訂購 □4.郵局劃撥 □5.其他 ＿＿＿＿＿

您喜歡閱讀哪些類別的書籍？

□1.財經商業 □2.自然科學 □3.歷史 □4.法律 □5.文學

□6.休閒旅遊 □7.小說 □8.人物傳記 □9.生活、勵志

□10.其他 ＿＿＿＿＿＿＿＿＿＿＿＿＿＿＿＿＿＿＿＿

請於此處用膠水黏貼